胜者谋局

大齐 — 著

北京联合出版公司
Beijing United Publishing Co.,Ltd.

图书在版编目（CIP）数据

胜者谋局 / 大齐著. -- 北京 ：北京联合出版公司，2025.2. -- ISBN 978-7-5596-8295-6（2025.3重印）

Ⅰ．B848.4-49

中国国家版本馆CIP数据核字第202560UV48号

胜者谋局

作　　者：大　齐
出 品 人：赵红仕
责任编辑：管　文

北京联合出版公司出版
（北京市西城区德外大街83号楼9层　100088）
河北鹏润印刷有限公司印刷　新华书店经销
字数150千字　880毫米×1230毫米　1/32　印张8.5
2025年2月第1版　2025年3月第2次印刷
ISBN 978-7-5596-8295-6
定价：58.00元

版权所有，侵权必究

未经书面许可，不得以任何方式转载、复制、翻印本书部分或全部内容。
本书若有质量问题，请与本公司图书销售中心联系调换。电话：（010）82069336

(CONTENTS)

开悟 觉醒第一步：看清世界的底牌

1 人性的本质：因缺有需，趋利避害 004
2 为什么受伤的总是你？ 008
3 人是叫不醒的，只能痛醒 013
4 到底什么是爱？ 019
5 关系的本质，取决于双方的社会身份 024
6 这才是高维度的亲密关系 028
7 人是怎么活明白的 034
8 你为什么穷得很稳定？ 038
9 低谷期是用来改命的 044

破局
大破大立，才能风生水起

1　成年人的第一课：管住嘴　056
2　一个人想改命，从破圈开始　061
3　贵人为什么要帮你？　067
4　强者是如何炼成的？　073
5　你凭什么赚到钱？　078
6　真正聪明的人，都把自己当成资产经营　084
7　想逆风翻盘，必须破这九道关　089
8　强者不忍受，只接受　095
9　认知越高的人，越"无情"　100

博弈
谋士以身入局，举棋胜天半子

1　聪明人吃老实人，老天爷吃聪明人　110
2　这个世界，弱者总在逞强，而强者都在示弱　116
3　做事的最高境界：平衡　122
4　顶级玩家，都在反向操作　128
5　一段关系是否牢固，取决于价值能否闭环　133
6　成事的法则只有一条，几千年从未变过　138
7　顶级控局者：雷霆雨露，皆是天恩　143
8　金钱世界的永恒游戏规则——坐庄　150

翻身 真正的高手，都是狠人

1 那些"杀"出来的人，都是狠角色 160
2 机会不是留给有准备的人，而是留给有胆量的人 166
3 "装"是一个人翻身最快的捷径 171
4 人与人最大的差距：学习力 177
5 知道，并做到，才能得到 182
6 模仿，是变强最有效的方式 187
7 成大事者，必须带点"匪气" 192
8 体力，比能力更重要 196
9 孤独，是强者的宿命 202

制胜 善谋者赢天下，能略者定乾坤

1 顶级聪明人，必须具备两种能力 212
2 极致的自私，总以无私的形式出现 218
3 财富从哪里来？ 224
4 谋事者谋一时，谋局者谋一世 230
5 这个世界的赢家，不做事，只做局 235
6 要低头行路，更要抬头看天 241
7 关键时刻需放胆，当断则断！ 248
8 把人做好，事自然就成了 254
9 人生的终极智慧，藏在内与外的关系里 259

不

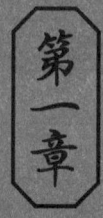

第一章

(CHAPTER 1)

觉醒第一步：
看清世界的底牌

人情似纸张张薄,
世事如棋局局新。

出自
《增广贤文》

· 开悟 ·
向鬼谷子学习人性真相

1. 挡道之祸
- **原因** 利益冲突
- **表现** 阻挡他人利益或上升之路
- **教训** 做人需知进退，懂分寸

2. 怀璧之祸
- **原因** 贪婪妒忌
- **表现** 有才、名、势而被小人所觊觎
- **教训** 藏锋隐智、韬光养晦

3. 关系之祸
- **原因** 不通人情
- **表现** 不够明慧，认人不清
- **教训** 保持独立思考，谨慎选择交往对象，明确关系边界

4. 口舌之祸
- **原因** 言语不慎
- **表现** 口不择言，说了不该说的话
- **教训** 知祸从口出，谨言慎行

藏其器以待时，慎其言以守中，
避其道以顺势，和其光以存身。

人性的本质：
因缺有需，趋利避害

人最大的清醒：就是不要盲目相信他人，而要相信人性。

要知道，人终其一生，都不可避免要与人性打交道。人性本质不变，却会受事件、环境、博弈条件的影响，时刻处于变化之中，难以掌控。

究其根本，可以用这八个字来概括人性的底层逻辑——因缺有需，趋利避害。 悟透这八个字，无论是经商赚钱，还是经营自己的感情，都大有益处。

因缺有需，缺少什么，就追求什么。

缺爱，就去追求爱；缺钱，就去追求钱。

但大家常说"钱只会流向不缺钱的人,爱最终也会流向不缺爱的人"。

缺钱的时候,如果目的性太强,暴露出太多的需求感,就是在求,有求就会有得失心,得到了你会开心,但求而不得心里会更加不平。

相反,不缺钱的时候,你表现出的是一种大方豪爽的气质,谁都愿意跟大方豪气的人打交道,防备心也没那么重,大家与你交往的体感也会更自在、更舒服,所以也愿意掏出钱来与你合作。

其实钱和爱的底层逻辑是一样的,都在追求安全性和稳定性。没有人愿意把钱存给一个陌生人,但所有人都愿意存入银行,因为银行代表着安全和稳定。

所以,钱和爱都不是追求来的,而是吸引来的。

很多做生意的人之所以把自己的项目和产品吹得天花乱坠,其目的就是为了展示项目的安全和稳定性,从而增强对这个事情的信赖感,所以招商加盟的人才会多,财富自然被吸引过来。当你装得有钱而得到了钱,自然不需要再装。

这也是把事情做成的三个步骤——假装是,当作是,最后你就真的是。

人们会同情弱者,但双脚总会跟随强者。记住,装着装着就像

了，像着像着就是了，人跟环境是对抗不了的，当周围的人都认为你能成功的时候，你可能就真的成功了。

趋利避害，趋向有利的一面，避开有害的一面。

人性往往是自私的，也容易背叛，不论是旁人还是你自己，只有觉得有利可图，才会向前冲。

你觉得躺在床上刷视频对你有利，才会选择懒惰，欺骗自己明天再努力；你觉得这笔投资能赚快钱，才会选择轻信他人，被骗走积攒多年的辛苦钱。

同理，别人与你打交道时，选择伤害你也是基于"有利可图"这个原因，而对你下手、让你吃苦吃亏的人，往往是你最信任的人。

马克思在《资本论》中指出："一旦有适当的利润，资本就大胆起来……有50%的利润，它就铤而走险；为了100%的利润，它就敢践踏一切人间法律；有300%的利润，它就敢犯任何罪行，甚至冒绞首的危险。"没有利益冲突时，大家都是一团和气，只要有了一丁点利益冲突，就会出现算计。**利益越大，算计越深，这就是人性。**

钱，或许无法衡量一切，但能通过它看透很多事、很多人。

一旦你决定相信一个人，就要做好随时被他出卖的准备。**信任是把双刃剑，利益却是人们交往的根本。**如果你无法接受被出卖，就要保持一颗怀疑的心，这是你永远不被伤害或少受伤害的关键；如果你能接受被出卖，并且有反制的手段，那么恭喜你，你已经参透了人性。

任何关系，本质上都是一种价值体系。别人忠诚于你，只是因为你手上的筹码够多；别人选择背叛，也是因为他背叛你的筹码足够大。

"因缺有需，趋利避害"这八个字阐明了人性底层的劣根性。不懂人性，只会抱怨社会不公、感情不顺，却未曾想过行走江湖，人与人之间更多只是双方价值的交换。要知道世界上没有免费的午餐，所求所图，都是利益。

一个人最应该悟透的道理：对人性祛魅，衷心对自己。当你理解了人性的复杂，才不会轻易受伤，也不会落得失望。在千帆过尽后，你终会读懂大千世界，迎来生命的觉醒。

只有真正吃透这八个字，钱和爱才会追随你。

为什么
受伤的总是你?

伤害你的人,其实都是故意的。

不论亲疏远近,那些伤害你的人都是在权衡过利弊、不断对比后,发现伤害你的代价远远小于获得的利益,才最终选择了伤害你。

这都是利益使然,也是人性的真相。

你的价值,决定着你在他人眼里的分量,也决定着他们对你的态度。

这个世界上总有一些人,在别人的善良忍让中,脸皮越来越厚,进而得寸进尺,贪心不足。

俗话说:"狗不能喂太饱,人不能对他太好。"给脸就猖狂的人太多了,一味地埋头做好人,到头来只会害了你自己。**凡事过犹不及,宽容过度就会变成纵容,忍让太久就会成为懦弱,无限制的包容则会沦为无能。**

很多时候,坏人之所以会欺负你,就是因为你脾气太好了。所以,无论和谁相处,无论你在谁面前,只要不欠他的,就没必要唯唯诺诺。

我们敬畏人性,但也不要忘了提防人的劣根性。你觉得自己待人接物只是客气,别人却认为你胆小怕事,欺负起来得心应手。你觉得自己是顾全大局、主动做出牺牲的好人,别人却认为你又傻又老实,活该被欺负,更别提对你的牺牲和付出有所感恩。

不合脚的鞋趁早丢掉,不合拍的人趁早远离,你要做的是摒弃心软和宽容,转变为理性的适度无情。当你做事果断、我行我素时,别人不仅不敢招惹你,反而会将你视作他们得罪不起的人。

人们普遍对强者更加宽容,即使弱者没有做错什么,也会被苛责对待。就算你一味地忍气吞声,也会被视为廉价的讨好,因为他人对你的态度,不是取决于你对别人有多好,而取决于你们之间的强弱关系。

**当你弱的时候,就会觉得坏人多。一旦你变强了,就会发现身

边全是好人。

人会变，但人性不会变，即使你变强也不要去挑战人性。你觉得亲近之人值得信任，或者说你们彼此信任，也不代表可以超越人性。人性经不起考验，也经不起测试，不要对别人抱以过高期待，否则结局都会很凄凉。

说到底，真正能伤害你的，往往都是最了解你的人。

这个世界没有无缘无故的爱，也没有无缘无故的恨，你以为的没有利益，背后也必定隐藏着利益，可能只是没有对你展示。同理，我们也要学会计算利益得失，这样至少能让对方不敢随意欺负你，自己也不会轻易受伤。

我们应该相信的不是人，而是人性。

所以我希望善良的人矫枉必先过正，这不是功利，只是保护自己的手段。

很多人都缺乏与人博弈的经验，被伤害后也只会思考：为什么受伤的总是我？

有一种罪，叫匹夫无罪，怀璧其罪。因为你无知，你不知道自己怀里被惦记的"璧"是什么，往往这才是最大的问题。

所以当有人伤害了你，首先要做的不是怨天尤人，抱怨自己又被欺负了，而是学会反思为什么别人选择欺负你，而不是别人。

可能因为你的内心缺乏安全感,渴望倾诉,所以你把自己的软肋亲手送到对方面前,遇到喜欢的人就不顾一切地付出,有了聊得开的同事就什么都敢说。殊不知你的信任,换来的往往是别人的辜负。

你和任何人的关系,在于你手上的筹码有多少。那些伤害你的人,其实是在提醒你:你还不够强大。

你要做的,就是要学会对人设防。这个世界上,好人想要过得好,就要更有智慧、更有手段。我们必须学会保护自己,哪怕矫枉过正。

对于那些存心伤害你的人,你的原谅就是给予他们再次伤害你的机会。你能无底线地原谅谁,谁就能无底线地伤害你。你要做的就是永远不原谅,撕破脸进行反击,这样他们才不敢再犯。对于日常交往的普通人,你可以屏蔽掉那些与你没有直接关系的人和事,这样你的防范成本会比较低,可以将大多数伤害你的机会扼杀掉。

人这一辈子,趋炎附势换不来强大的尊严,做小伏低也换不来他人的尊重。

世界不会在意你的自尊,人们看到的更多只有你的成就。

老实善良是可贵的,但你要为自己的善良配上"菜刀"来保护自己,敢于对不尊重你的人做出反击。谁对你好,你就对谁好,以真心换真心，方不辜负真心，否则就相忘于江湖。

对欺侮你的人，不要一味忍让，要勇于迎难而上；对轻视你的人，默默提升自己就是最好的回应。

修养从来不是委曲求全，气场也都是实力的外露。

要知道，只有具备充分的实力和强大的心态，才能够看到生活的好脸色，才能赢得他人的尊重。**只有当你带着锋芒面对这个世界时，世界才会变得温文尔雅。**

人是叫不醒的，
只能痛醒

一个人的觉醒，1%靠别人提醒，99%靠自己经历"千刀万剐"。

俗话说："人教人教不会，事教人一次就会。"能让人如梦初醒，看透人情世故的，只有自己亲身去经历、去吃亏、去后悔和去受伤。

只有历经人情冷暖，尝尽苦辣酸甜，踩遍人性的坑，才能对人生有所顿悟，彻底认清生活。人只有受过伤，吃过苦，撞得头破血流，才能明白什么是不撞南墙不回头。

因为人是叫不醒的，只能痛醒。

成长就是不断受伤的过程，疼痛是人最好的老师。一个人的成长之路就是在各种踩坑与受伤中走过的。你的贵人不是让你温饱不愁的人，而是让你痛苦抓狂的人。

以前不明白，觉得被坑是因为别人的心眼太多，后来才发现，被人坑一次，你就懂得了这个坑人的套路，被各种人用不同的方式坑过，到最后你就无坑可踩，那时你也就真正开悟了。

下面这三种"坑"，过不去会一蹶不振，走出困境即能开悟。

第一，人性的坑。要相信人性，而不是相信人。

当你不懂人情世故时，觉得周围都是心地善良的人，但总会被坑得莫名其妙；但当你懂了人情世故后，就会理解事情的原委。有些莫名其妙结束的关系，其实不过是利益产生了分歧；有些看似没来由的背叛，都是为了自己的利益最大化。

说到底，一切看不懂的事儿，只要带入到利益的考量中去想，自然就想通了。

你太容易相信人，对人性心存美好幻想的时候，如同一个"完美受害者"，就容易受到欺骗。但被坑过就要学会反思和复盘，提醒自己下次不是去相信人，而是要相信人性。

古语常说世道险恶，其实险恶的从来就不是世道，不过是你不够成熟罢了。

成熟并不是看懂事情,而是理解人性。人心最是多变,人性最是难猜。不去妖魔化每一个人,但也不要对人毫无防备。

悟透人性,从底层逻辑去识人,看清人的本质,才能更好地保护好自己。当你了解人性的复杂,才会减少痛苦,开窍成为那个制定游戏规则的人,掌握并制定游戏规则。

第二,感情的坑。无条件相信感情的人,智商都是让人着急的。

没有人会无缘无故对你好,人在社会上交往的基础永远是因为自身的价值。那些一上来就对你嘘寒问暖、无事献殷勤的人,往往都是有目的的。一旦目的达成,他们就会露出真面目。冷暴力、PUA[①]、喜新厌旧……将你的自信打碎,沦为他们的附属品。他们只用表演深情,就换取了你的真感情。

而你要做的就是打破幻想,从盲目相信感情的幼稚中抽离出来,面对现实。

很多人在感情里被伤害过、抛弃过,才知道只有事业才是自己的依傍。所以事业才是第一要义,谈钱才不伤感情。别人离开你

---

① 一方对另一方进行情感操纵和精神控制的行为。

不是因为不合适,而是你耽误到人家了,让他赶紧远离你的磁场才对。

别吃感情的苦,把精力都放在事业上,人生才能迈入更高阶。

第三,事情的坑。过于复杂的事,准没好事。

大道至简,这个世界上真正好的东西都很简单,一件事情弯弯绕绕,没人搞得懂具体情况,大概率就是不靠谱的。中间一定有人想把事情搞复杂,来获得自己的利益。

如果你没有发现事情的猫腻,可以多吃几次亏、多踩几次雷、多试错几次,就知道要向明白人学习,向过来人、拿到结果的人学习。他们踩过的坑、总结的经验都比你多,而你要做的就是虚心求教,借着别人悟出来的人生道理,少走弯路,提升认知。

要知道,越聪明的人,越懂得升维。只有你拥有更高的视角,才能穿透事物的表象,看清事情真相。

能说服一个人的,从来不是道理,而是南墙;能点醒一个人的,从来不是说教,而是磨难。越是极致的痛苦越能让你不断成长。

当你从人性、感情、事情的痛苦和火坑中跳出之后,你会发现,自己有足够的时间去反思、观察、思考,并尝试理解社会规则和人性底层逻辑,这时的你才真正开窍了。

要知道，这世上，只有痛苦，能真正让人长记性。

正所谓不经一事，不长一智。当你悟透了人性，就懂得好聚好散；当你看清了生活，才明白且行且珍惜。

所以，成长之路是充满痛苦的，强者是从痛苦里爬出来的，这一路极不容易。

身不苦则福禄不厚，心不苦则智慧不开。学会从每一次教训中汲取经验，顾好身体，安心工作。远离一切无关紧要的人和事，专注于自我成长，你终将变得更加成熟、强大。

能说服一个人的，
　不是道理，
　而是南墙；
能点醒一个人的，
　不是说教，
　而是磨难。

· 开悟 ·

觉醒第一步：看清世界的底牌

到底什么是爱？

什么是爱？

从广泛的文化和人性角度来看，我们把爱当作一种普世的概念，因为它触及人类共有的情感需求和体验，但在具体实践中，又证明了爱所具有的多样性和复杂性。

爱是复杂的，它既是生物学上的本能，也是心理学上的情感连接。爱没有固定的定义，它是每个人内心深处的呼唤，是人类情感追求的极致体现。

但同时爱也是简单的。它不需要华丽的辞藻来描述，也不需要复杂的理论来解释。

爱和人一样，都是有段位的，不同层次的人，对爱的理解也完全不同，也就是说，爱在低维、中维、高维的人当中有着不同的解释。

低维的爱执着于永恒。

对宇宙、世界认知比较低的人，不论贫富，他们认为的爱都是永恒的、不变的真情。这种解释符合我们对圆满的美好期待。它更像一种信念，无论外界如何变化，都能坚定不移地相信爱的力量。但越是美好的时候，往往也会越痛苦。

他们在爱中经受了谎言和背叛，依旧不离开，追求爱的永恒。这时候的爱已经不是双向的，而是一种单相思，是一厢情愿。

很多人以为爱情一旦发生，就永远存在了。能够从爱变成不爱的，不是真正的爱情。

可他们没有想过，世界是一直变化的，爱也一样，没有什么是一成不变的。

我们肯定听过这类口号，"钻石恒久远，一颗永流传"，而发明创造这些口号的有钱人，可能根本不会信爱情永恒的说法，因为他们更爱自己。

中维的爱追求价值交换。

认知处于中间的人们，认为爱的本质是一种价值交换。我爱你，我们就好好珍惜在一起的时光，我不爱你或你不爱我，我们就分开不再过多纠缠。

他们不求长久的缘分，只求甜蜜的过程。不管当初多么美好，一旦变质，该扔就扔，只要爱过就完事了。他们能想得开，大概率是因为付出过相信爱情永恒的代价，经历过痛不欲生的背叛，觉醒后终于从底层爬了上来。

所以他们对爱的解释，更倾向于能量的交换。成年人都有自己的事情要忙，都需要自己的时间和空间，如果双方没有价值需求，就会像两条平行线，永远没有交集。对他们来说，彼此的需要永远大于爱，双方之间存在可以用来维持长期稳定交换的事物。

而且交换不是交易，交易是买卖，交换是相互成就和共同成长。

比如说对方情绪很郁闷时，你情绪很高涨，你安慰他鼓励他不要害怕，这是交换了情绪价值，对方因为你的鼓励振作起来，反哺于你，同样也是交换。但如果对方什么价值都不给，你也能迅速撤离，及时止损。

你看，成年人的爱情，往往不再是那种不顾一切的冲动和浪漫，而是在理性的天平上，仔细衡量着每一个决定的重量。

一个人自身价值的升降，真的可以动摇数年的感情。所谓的真

爱，往往是两个人权衡利弊后互相觉得值得的结果而已。

高维的爱在于"空"。

认知层次高的人，从精神层面，认为大爱是空，爱不爱我都没关系，就像庄子所说"相濡以沫，不如相忘于江湖"，就是我从来没认识过你，各自安好才是爱。

这种人的内心是圆满的，不需要旁人填补，到了该分道扬镳的时候也很干脆，他们可以独自带孩子，不需要财产也不需要爱情，因为有实力的人雌雄同体、自得圆满。

当一个人的思想境界越往上走，越会给人一种大爱不爱、大情无情的感觉。

你看，那些成功者就不纠结于情爱，他们不会被情感左右，爱也不再变化。因为爱不爱对方不在于他怎么样，而在于你要不要爱对方。主导这段感情的永远是你自己。

爱情是一种遵循自然规律的事物。缘起缘灭，缘出现的时间便好好珍惜，五年、十年、二十年地相伴下去，缘结束的那一刻，让该发生的事情发生，心胸开阔地步入下一阶段。那时的你不会过分执着于爱情本身，你可以让爱随时进来，也可以让爱随时离去，因为你来人世间一遭，是来体验乐趣的，而不是受苦受气的。

人的一生总要经历一段轰轰烈烈的爱情，但很可能很多人连最低级的爱都没有经历过。他们都在斤斤计较，算计得失，只关注自己的感受和利益，从未真正爱过人，可他们却装作很爱，次次都叫你让步。你每让步一次，对方就会得寸进尺一次，根本不会领你的情。那时你便会发现，爱是勉强不了的。

爱就是爱，它是人与人之间最纯粹、最真挚的情感交流。

当我们学会理解和表达爱时，我们就找到了与他人连接的钥匙，打开了通往幸福和满足的大门。爱是生命给予我们的最好的礼物，相信每个人都有自己的答案。

无论何种，都希望我们珍惜爱、拥抱爱、传递爱。

关系的本质，
取决于双方的社会身份

记住，跟任何人交往，先看社会身份，再去讲关系。

很多人生活不如意的根本原因，就是没有看清人际关系的边界。**只有明确自己的社会身份，清楚手中的牌面，才能找准自己的人生定位。**这才称得上是一个有觉悟的人。

我们面对任何人，无论是亲人还是朋友，熟人还是陌生人，上级领导还是普通同事等，一定要明白对方是什么身份，因为身份能代表价值、代表立场、代表阶层，这是人际关系的本质。

跟别人交往的第一步，一定先看清楚他的身份。

人是有两个身份的，一个是跟你的关系身份，一个是他本来的

社会身份。倘若你跟对方沾亲带故，就把关系身份放在第一位，而忽略了别人的社会身份，很容易让对方产生怨气，反而得罪对方。

比如你的发小现在是一家上市公司的总裁，从小一起长大是你们的关系身份，上市公司总裁是他的社会身份，你可以私下与他称兄道弟，但若是在员工和客户面前对他大大咧咧，他表面上会不计较，但你们的关系可能也到此为止了。

你处在什么位置上，就用什么样的语气和态度说话。同理，别人所处的位置不同，你也要在把握分寸的基础上，用恰当的语气和态度与对方交谈，掌握好边界感和分寸感。

无论什么关系，相处得再好，也需要社会身份来维持。所谓到什么山上唱什么歌，没有例外。

有些姑娘过于天真，觉得结婚后老公应该无条件地照顾自己，给自己提供情绪价值，这种想法是大错特错的。夫妻只是两个人的关系身份，双方的社会身份才是决定相互态度的关键。也就是说在家庭或者团体中，经济基础决定话语权。当对方看到并认可你的价值时，即使感情再淡薄，也会觉得你们合适，愿意花时间提供一些情绪价值。

但如果你想不明白这个道理，把关系身份放在第一位，或者说花很多时间精力维系关系，而忽略了底层的人性时，你就算跟别人关系再近，你们的社会属性也会渐行渐远。

人的本质是一切社会关系的总和。

我们都是通过各种社会关系来定义自己，并借此展现自身的价值的。

很多人分不清社会身份和关系身份的区别，以为跟某个大佬一起吃过饭聊过天，就算有关系，但这种关系再熟络，若没有相应的社会身份匹配，也没有资格参与价值交换。

当一个人想找关系解决一件事却无人可找，或者说无人相帮时，只能说你的社会身份和资格不足以和别人做这门生意，你的面子和本事根本入不了别人的眼。

你是楼下保安，对方是公司老板，你天天递烟问好，处得再熟也不可能让你翻身，他最多把你从保安晋升到保安队长。不要因为大老板对自己客气就忽视了自己的社会身份，更不要幻想这种表面客气能让你飞黄腾达。

实际上，老板只是表面客气，其实心里早把人分成了三六九等。就算老板和你的关系好到私底下互相称兄道弟，但你只讲关系身份，在台面上不给老板面子，你的仕途也就到此为止了。

记住，我们跟任何人交往，首先要把社会身份放在第一位，但不要表现出来，之后再去讲关系身份，那时你也就找到了自己的人

生定位，或者说懂得了人际边界感，这样才能厘清人际关系。

社会身份一定是大于关系身份的，所有到最后的利益博弈都会看社会身份的高低，才决定自己对对方的态度。

这就是为什么你累死累活还升不上去，为什么不能和真心相爱的人长久，为什么你手机里有很多大佬的联系方式却转化不成人脉……因为你把关系身份放在了第一位，而忽略了社会身份。

道理很扎心，却是客观存在的，因为这才是成年人世界的游戏规则，是人性的底层逻辑规律。我们要透过现象看本质，不管你是为情所困还是为事业所困，一定要讲身份，而不是讲情面。

要知道，无论是谁僭越了社会身份，都很容易出事。

人在社会上，与其沉溺于感情，不如正视身份地位的重要性。

阶层感就像一堵城墙，把认知层次不同的人隔绝开来，而你想要成为什么样的人，就要找准自己的定位，认清社会身份，才能打破这堵墙，跨越自己的阶层。

这才是高维度的亲密关系

所有的亲密关系,都分低维度和高维度。

亲密关系在低维度里全是问题,而在高维度里,问题会自动匹配到答案。

低维度的亲密关系,是在人性的基础上,让人盲目顺应人性。像网上的御夫术、PUA 话术、几句话搞定男人等说法,都只能维系低维度的亲密关系。

说实话,低维度的亲密关系看似坚固,实则很脆弱,不堪一击。

真正能长期维持的高维度亲密关系,是跳过人性这一关,用高级的思维去看待关系。很多有着恋爱脑的人,久久走不出一段有毒的关系，这并不代表某一方有问题，而是这段关系对双方都不合适，和各自的利益相冲突。

高维度的亲密关系是终生的合伙人关系。这不是博弈，也不是简单的合作关系，而最能维持合伙人关系的是朋友身份。现在很多夫妻结婚多年，彼此却连朋友都算不上。

要知道，越是依靠外力来约束的关系，就越难让人快乐，也越难见到真心。

最理想的亲密关系一定是建立在朋友的基础上。**它包含三个要素：信任、兴趣与利益。**

第一点，也是最重要的，就是信任。

不要小看这两个字，一旦两个人之间能产生信任，说明你们社会身份是匹配的。你不害他、他不害你；你们两个人相爱能获得最大的利益，相杀就会损害彼此的利益，信任就由此产生。

信任是所有关系的核心。若只有兴趣而无信任，就会沦为无效社交，你们只能当同一个兴趣爱好的搭子。若只有利益而没有信任，你们就是老板和员工的关系，总是提防着彼此，根本不可能真正敞开心扉。

如何建立信任呢？

建立信任最重要的两点，是社会身份和收入。一个诚实守信的公司老板和一个偷税漏税的底层老赖,不属于同一个社会身份,彼此之间永远存在鸿沟。

如果你每天在外面辛苦挣钱,而伴侣整日在家躺着刷手机,既不做家务还等着你养,这样各方面的悬殊必然会让起早贪黑挣钱的你心里感到不平衡。

因此,社会身份相当,才会有信任的基础。老一辈说的门当户对,并不是顽固不化,而是让你们找社会身份、收入相当的人。

身份相当,收入也要相当。为什么收入很重要?因为收入和认知是强关联的。一个人永远赚不到认知之外的钱。

如果你年收入上千万还在努力奋斗,而对方觉得每年五六万元就很知足了,根本不想多挣,这就是认知差距导致的收入差距。两个人想要长久地在一起,必须一起提升认知,在收入、成绩上不断地进步。

社会身份与认知是动态平衡的关系。即使现在你们的社会身份有差距,但只要认知是相仿的,就可以弥补这种差距。即使有一天你破产了,对方也具备重启事业的能力,两个人彼此信任,依然能维系好的关系。

有了信任,第二才是兴趣。兴趣是你们互相吸引的契机。

信任是交心,兴趣是交流。兴趣相近的人,彼此更容易有共同的语言、共同的话题和共同的人生观。

如果一方喜欢健身,认为健康体魄很重要;另一方却觉得养生就是收割智商税,人生不在于长寿,而在于及时行乐。那你们两人不仅是兴趣不同,更是三观存在差异。

兴趣爱好多的人,可选择的对象范围更广。多培养兴趣和情调,才能全方位提升个人价值,最大限度扩大人与人的交流感。兴趣多的人朋友就多,总能找到彼此最契合的人。有些人爱好广泛,每天下班都有参加不完的活动,今天打网球、明天打高尔夫球,这样的人交际圈子必然会比普通人更大。

最后是利益。有句话讲:"大城市里两个人结婚,不亚于两个上市公司合并。"

婚姻绝不仅仅是爱情的结晶那么简单,婚姻实质上是两个人的财产再分配,婚后挣的钱都是婚内财产。如果利益分配不均,那么合伙人必定散伙。

为什么有的夫妇离婚闹得很难看,就是因为利益产生了冲突。在利益面前,良心往往是无力的。

在高维度的亲密关系中,能把你们的关系捆绑在一起的不是感情基础,更不是共同兴趣,而是利益的交换与捆绑。

一对夫妻即使彼此没有感情了,但两个人在一起能创造最大的利益，既能照顾好孩子又能过上好的生活，他们就很难离婚。如果相爱的成本低、利润大，自然不会选择结束这段关系。

如果你们的利益存在冲突，你像老板，对方像个员工，你经常压迫对方，那么对方早晚会有反抗的一天。等对方反抗的时候，你们的合作关系就破裂了。

所以从现在起，就用这三个标准去衡量你的亲密关系，看是否符合这三个要素。如果朋友关系稳定，你们才能变成终身合伙人，步入婚姻的殿堂。

一旦你让朋友成为亲密关系的核心，你就会发现原本围绕这段关系的那些规范、制度、条条框框全部都会消失，因为朋友是最没有条条框框的关系。

成为朋友唯一的规范就是人心，它不受任何外力约束，单凭两个人之间的互相信任、共同兴趣和利益来维持的关系，一定会比那些靠一张纸、两枚戒指来约束的关系要坚固得多。

认知低的人是看不懂这些的，他们不具备响应时代的能力，也不具备在关系中博弈的能力，更没有能力经营好一段真正的亲密关系。

如果找不到这样的人，孤独便是宿命，把自己照顾好就是利益最大化。

狗不能喂太饱,
人不能对他太好。
一味埋头做好人,
只会害了你自己。

· 开悟 ·

觉醒第一步:看清世界的底牌

7 人是怎么活明白的

人和人之间最大的差距就是认知上的差距。

什么是认知？认知是对于一件事的看法和判断，认知能力和认知水平决定了一个人能否做出正确的判断，从而做正确的事情。

要知道，做正确的事比正确地做事重要 100 倍。认知水平比较低的人就像井底之蛙，只能看到眼前的天空，看不清事物的本质，活得糊里糊涂，不明不白。如果一个人对世界的看法太局限，就很难有逆天改命的机会，难以突破命运的桎梏。

一个人，必须经历三个阶段，才能从混沌走向通透。

第一阶段，看山是山，看水是水。

你觉得这个世界是白色的，相信眼见为实，对世人的认识都停留在表面。相信既定的规则，按照社会规则自我规训。你认为人性都是善良的，将心比心，你的付出也会有回报；你认为职场凭实力说话，加班加点，也能多劳多得。

实际上，你所看到的听到的，只是别人故意展现在你面前的，如果你信了才是真的傻。人都是自私的，为了自己的一亩三分地，可以无所不用其极，碾轧比他们弱小的人，世界的另一面就是弱肉强食的动物世界。

当你推倒了认知的墙，走出狭隘的视角，你目之所及，才会是世界的真相。

第二阶段，看山不是山，看水不是水。

经历社会毒打后，你会发现这个世界上难觅纯粹的善，包括你自己，也不是彻底的清白。对世界的认知从白色转为黑色，你会怀疑一切，批判一切，也会顺从人性规律，适应并得到自己想要的。也会发现，人都是慕强的。一个人对陌生人的态度，会根据对方实力、地位、身价而变化，素不相识的人如此，亲戚朋友如此，工作中的同事更是如此。

但在这个阶段，如果处理不当，很容易让你陷入极度自我封闭的状态，因为无法接受世界的真相，在现实中也更容易迷失方向。

当你能够看透世界和人性的本质，发现凡事都有另一面，还能保持理性与冷静的思考，眼见色不被色尘所转，耳闻声不被声尘所转，享受着内在的甚深禅定。这时的觉醒标志着你已进入人生的第三个阶段。

第三阶段，看山还是山，看水还是水。

看多了山水，参透了繁简，听多了真假，看透了得失，人就会变得从容淡定。你能理解所有的善恶，看透所有的伪君子、小人行事的本质，你会发现世界不是非黑即白，还存在着灰色地带。

因为世界不是非黑即白、非对即错的，现实中的人也不是非善即恶、非敌即友，甚至还会为了利益随时转变立场。

天地有阴阳，人间也一样有阴阳。是非善恶，很多时候混杂在一起，相依相存。

与灰色地带相伴的，其实是一种灰度思维。

比如处理事情时忽略过程，直奔结果；允许别人犯错，不苛责于人；对眼前发生的很多事情，可以选择视而不见……只要结果是人心所向的，就可以适度放开自我的要求。掌握这种灰度思维，我们在为人处世上才能活得更明白。

人生的本质就是在灰度中寻找光明，灰度的本质就是时刻让我

们怀着开放的心态去认知事物，永远做好接纳各种不确定因素的准备，均衡、失衡再均衡，不断重复这个过程，直到达成平衡局面。

当你达到第三阶段时，也就达到了佛家有云"见天地见众生见自己"的境界，步入开悟的阶段。

当你悟透自己时，也就看透了人生。这个世上再多的钱财富贵，再高的名利身份，都微不足道，所有的钩心斗角都显得渺小可笑。

说到底，人这一生，都是在为自己的认知买单。认知的边界有多广，能掌控的空间就有多大。只有不断提升认知，你才能在竞争激烈的世界突出重围，站上一览众山小的人生之巅。

只有了解这个社会的运转规律，你才能认清自我，拥有面对复杂人性的平静心态。

人生在世，只有在红尘中多番历练，才能活得明白，从混沌中来，到通透中去，最后找到心安的答案。

8

你为什么穷得很稳定？

如今我们身处一个剧烈变化的时代，每个人都在谋求人生的稳定性。

一个人如果能富得很稳定，那就再好不过了，但事实往往是，富不一定长久，但穷会一直跟你如影随形。

为什么有人会一辈子受穷？

因为他们亲手堵死了自己的财路，还不知道自己贫穷的原因是什么。贫穷的本质，不是金钱的短缺，而是他们思想中难以改变的思维模式和行为体系。

讲一个网上流传已久的段子。

一个人问高僧自己什么时候能够富起来，因为自己一直都很穷。高僧说他四十岁之后就不会觉得自己穷了。听后这个人非常高兴，赶紧问高僧原因。

高僧回答道："因为你四十岁之后就习惯自己穷了。"

虽然这个段子有戏谑的成分在，但也说出了一个有点残酷的本质：大多数人过了四十岁，人生就已经稳定了，而且多数情况是穷得很稳定。

造成这种情况的根本，在于一个人的认知水平。

一个普通人的认知至少比那些拿到结果的人的认知滞后25年。也就是说当普通人开始觉醒开悟的时候，别人已经远远超过你了。虽然普通人家的孩子比有钱人家的孩子的认知差距可能会少一点，但一二十年也总是有的。很多事情我们不明白，但是家境殷实的孩子在十五六岁或许就懂了。

所以人与人之间有时确实存在着整整一代人的差距。虽然我们不愿意承认，但也不得不面对。

人无法选择出身，有的人出生就是"王炸"，开局就在别人努力一生都达不到的高度上；也有的人开局就是一手烂牌，深陷泥潭，很难再爬出来。所以这个时候，如果没有机遇去改变，大多数人的人生轨迹就是沿袭父母那辈的情况，继续过这样的人生了。

说到底，出身很大程度上决定了命运，有些人的开局，就是你的终局。

那我们抛开先天因素不谈，因为这些都已经既成事实无法改变，我们只谈自己能掌握的部分，那么，影响普通人变富的后天因素有哪些？跟富人的后天差距又体现在哪些方面？

第一，穷人为钱工作，富人让钱工作。

《富爸爸穷爸爸》一书里，有一个"老鼠赛跑"的概念。

为了吃到一口奶酪，老鼠不停地在轮子里奔跑。就像很多被钱牵着走的人，必须无休止地工作，才能获得收入。他们往往耗尽体力，收入却增长缓慢。

未经思考的努力，往往是多数人贫穷的源头。跳不出惯性的思维模式，人就会变成轮子里的老鼠，只盯着眼前的奶酪，把同样的圈跑了一遍又一遍。

所以，思维上的差异，往往是拉开贫富差距的根源。

人和人之间最大的区别，就是穷人按照现有的能力找工作，富人是为了提升自己的能力而工作。这就是贫富最大的真相，没有之一。

简而言之，穷人很可能一辈子都意识不到要在技术上投入资金，而富人却终生在持续投资精进自己的技术，让自己越来越值钱。

真正会花钱的人，都在狠狠投资自己。

一旦你有了省钱的脑子，就很难有精力再去培养一个挣钱的脑袋。

放眼现实生活，亦是如此。卖力吃苦，不一定能得到领导青睐；天天加班，也不一定能升职加薪。不断迭代技能、随时更新自己，才能让收入水涨船高。

当一个人无论怎么努力，都和理想差距甚远时，就该停下来想想：你是不经思考地穷忙，还是主动寻求突破？

第二，穷人害怕冒险，富人敢于冒险。

拥有穷人思维的人追求稳定，害怕冒险；拥有富人思维的人敢于冒险，拥抱不确定性。

富人遇到机会，想的是如何快速抓住，不放过任何可能性，不去思前想后，而是先做起来再说。越是敢想敢做，往往就越能成就自己，把事情做成。

反观穷人，往往不敢冒险，只想要确定性。因为穷人缺乏试错的资本，一步错，可能会全盘皆输。他们的生活就像是走钢丝，每一步都必须极为谨慎。他们很难有机会创业，因为创业充满风险，稍有不慎就可能血本无归。

这样的现实处境和心理状态，让他们只能选择稳定，因为稳定至少能保障基本的生存，所以他们的生活永远没有翻盘的可能性。

坦白地讲，一个人当下的穷，都是自己眼界欠下的债。

第三，穷人看重面子，富人讲究实际。

越是普通人，就越怕别人瞧不起他。穷人虽然是囊中羞涩，但对面子的在乎，却不弱于任何一个人，甚至是越穷越在乎面子。

因为穷，更害怕被别人瞧不起，所以会想方设法地维护自己的面子，有时甚至打肿脸充胖子，结果反而错失了宝贵的机会和更多有价值的东西。

反观富人，在自身的消费上往往不太在乎面子，即便穿着拖鞋，出门坐公交车，也挡不住他们富有的事实。至于在人际交往、人脉经营上，富人也讲究面子，只不过他们这种要面子更多是为了彰显自身实力，是为了与别人交换利益和资源。

人性最特别的弱点，就是太在乎所谓的面子。要是放不下面子，那说明你一辈子就只能这样了。

穷人要想改命，就要摒弃过去的思维，做到改变过去贫瘠的认

知，不着急，不害怕，"不要脸"。

当你真正做到了，赚钱就成了水到渠成的事，人自然就富起来了。

要知道，没有人活该一辈子受穷，只要你肯付出努力，你也能过与众不同的人生。

9

低谷期
是用来改命的

很多人都不知道，身处低谷，其实是改命的最佳时期。

要知道，人生没有失败，所有发生过的事情，都只是对未来的铺垫。也没有生来注定的平庸，只是有人在不确定的日子里，给自己失衡的世界找到了支撑点。

一个人该如何熬过低谷期？

如果你正处于负债、失业、分手的阶段，或处于生活的低谷期，别担心，告诉你一个大佬们都在用的翻身秘籍：**反者，道之动；弱者，道之用。**

这句话出自老子的《道德经》，揭示了物极必反、否极泰来的道理。

只要能激活它，低谷便是你走向更高点的机遇。**守正、积势、待时，这三步便是激活它的重要因素，如此你才能熬过低谷期，逆天改命。**

第一，守正，即正心、正念、正见。回归初心，守正归零。

一个人能够不执着于个人得失，将他人和整个世界放在心中，这是正心；坚定自己的想法，不受分析、评论和他人的干扰，努力朝着自己的理想前进，这是正念；面对困难与挑战时保持冷静和理性，不被表象迷惑，最终找到解决问题的方法，这是正见。

刘备以匡扶汉室为己任，为天下苍生请命，仁义之名家喻户晓，就连曹操都对穷困潦倒的刘备欣赏有加，与其煮酒论英雄。而他蹉跎半生，功业未立，即使面临丢盔弃甲的境遇，依旧保持初心，以普通百姓为重。

曹操率领大军南下征讨荆州。驻扎樊城的刘备在荆州投降后也被曹操大军所围，不得不暂时撤退。樊城的百姓因为害怕曹操的残暴统治，自愿跟随刘备逃难，而刘备明知带着百姓很容易被追兵赶上，也没有忍心抛下这些百姓。

即使他后来损失惨重，也始终坚守初心，不忘以人为本，不怕守正归零，重新开始。这不仅为他赢得了极高的声望和尊敬，更为日后建立蜀汉政权打下坚实的群众基础。

有时候活得太累，也许只是因为你想要的太多。**在这个人人想赢的时代，比起咬紧牙关的坚持，有时候，我们更需要壮士断腕的勇气，以及与平庸和解的智慧。**

当下最重要的是要找回自己的初心，回归真实的感受，屏蔽那些妄想，发现问题的关键。如果有人居心不良，就赶紧远离，如果认知不够，就沉下心学习，或者找靠谱的合作伙伴，重新开始。

所谓心若不动，万事从容。找到初心，你便给了自己从头再来的底气。

第二，积势，即积聚能量。调整心态，建立积极人脉。

大部分人在人生的低谷期都会有两种状态：一种是万念俱灰，紧接着破罐子破摔；另一种则是到处寻找机会，决心要绝地反击，东山再起。

这两种情况其实都是下策。

古代圣贤对这两种情况都有过警示，比如庄子说"哀莫大于心死"。心一旦被诛，体就不复存在。

《易经》中也曾提到"潜龙勿用"。**人在低谷期，最忌讳的就是妄动，因为这时候的心并不清静，还是带着烦恼的，因而做出的决**

策往往不够理性。

所以不要时刻抱怨，把自己的脆弱暴露给周围的人，而应将自己的状态调整到最佳，提高自己的价值，重新建立对自己有利的人脉圈子。

刘备能从一个安喜县小县尉成为一方霸主，离不开积势。无论他经历多少次失败，有过多少次寄人篱下，从没有一蹶不振，永远都在建立积极人脉。

与关羽、张飞桃园三结义，利用皇叔身份结识各路英杰，这是初步积累势力；三顾茅庐请诸葛亮出山，与孙权联合在赤壁之战中击败曹操，这是逐步扩大势力范围；随后得荆州、取益州、下汉中，称王称霸，巩固并扩张势力，最终三分天下。

你看，人生像是蹦极，从纵身一跃再到自由落体，每一步都很难，都需要极大的勇气和耐心，但自始至终你都要相信，一切都会好起来的。

为自己积势，便是为成功做伏笔。

第三，待时，即抓住机会，迎接挑战。要主动寻找和抓住机会。

成功不是一蹴而就的，而是需要长时间的积累和等待。一个明智的人懂得在合适的时候采取行动，而不是在条件不具备的情况下

就贸然博弈，盲目出击。

所取者远，则必有所待；所求者大，则必有所忍。

当我们追求远大目标和长远愿景时，必须具备忍耐和等待的智慧，当机会来临时果断行动，勇于面对挑战。

刘备从23岁起兵，到34岁成为徐州牧，正当他以为可以大展身手时，却因好心收留吕布而惨遭偷家，老婆孩子皆被囚禁。他没有自暴自弃，转而投奔自己最排斥的"国贼"曹操，又屡战屡败后投奔袁绍，老婆和二弟关羽又被曹操所俘。苦心经营的势力全被打散，就连当初的三人创业小组也分崩离析。

换作旁人，也许会觉得自己时运不济，从此一蹶不振，但刘备在他的至暗时刻也没有放弃，终于在46岁三顾茅庐，等到了诸葛亮，迎来命运的转机。

刘备最不缺的就是主动寻找机会、寻求转机的勇气，所以他能多次熬过低谷期，等到和关羽、张飞重聚，再共谋大业。

越是艰难处，越是修心时。山重水复的困顿之际，也正是突破重围的最佳时机。

很多心急的人，会因为暂时看不到希望而泄气，那些能咬牙熬过低谷的人，却会就此脱颖而出。

每一个人生的低谷，都是成长的最佳时机，这些困顿的时光往往能成就你未来的伟大。很多大人物都是在逆境当中爆发出巨大的潜能，不逼自己一把，你永远不知道自己有多优秀。

俗话说："福祸相依。"经历低谷期未必不是好事。

如果你不曾有过低谷，也许你从未试过向上攀登。**经历过低谷后，你能更好地认知这个世界，能理性地看待人与事，能更加自洽地与自己相处。**

一直以来，我都信奉一句话——凡事我必抗争，成败不必在我。这句话还有一种解读，就是但行好事，莫问前程。

首先你的初心要对、要正。然后尽可能去尝试各种机会，不要固执己见，要有敢于冒险的精神，机会来了就要去努力争取，不要等、靠、要，做个被动又消极的弱者。

当你做到守正、积势、待时，即使身处低谷，也会快速触底反弹。

正所谓"心不死则道不生"，你会发现，这个世上只有自己才是自己的救世主，真正的救赎不是来自外界，更不是梦想有贵人帮助，而是来自内心的力量和外在的行动力，多少次被击垮，就多少次爬起来，重新来过。

低谷期，就像一口大锅，看似身在锅底，但无论往哪个方向，都是向上的路。

如此才会不管怎样，都能自救，而能自救的人，往往才有接大运的命。也许你现在身处无尽的黑暗中，但不放弃向前，终有一天，你能看到未来的光明。

所取者远，
则必有所待；
所求者大，
则必有所忍。

· 开悟 ·

觉醒第一步：看清世界的底牌

破

第二章

(CHAPTER 2)

大破大立,
才能风生水起

知不足,然后能自反也;
知困,然后能自强也。

出自
《礼记》

· 破局 ·
向王阳明学习破局之道

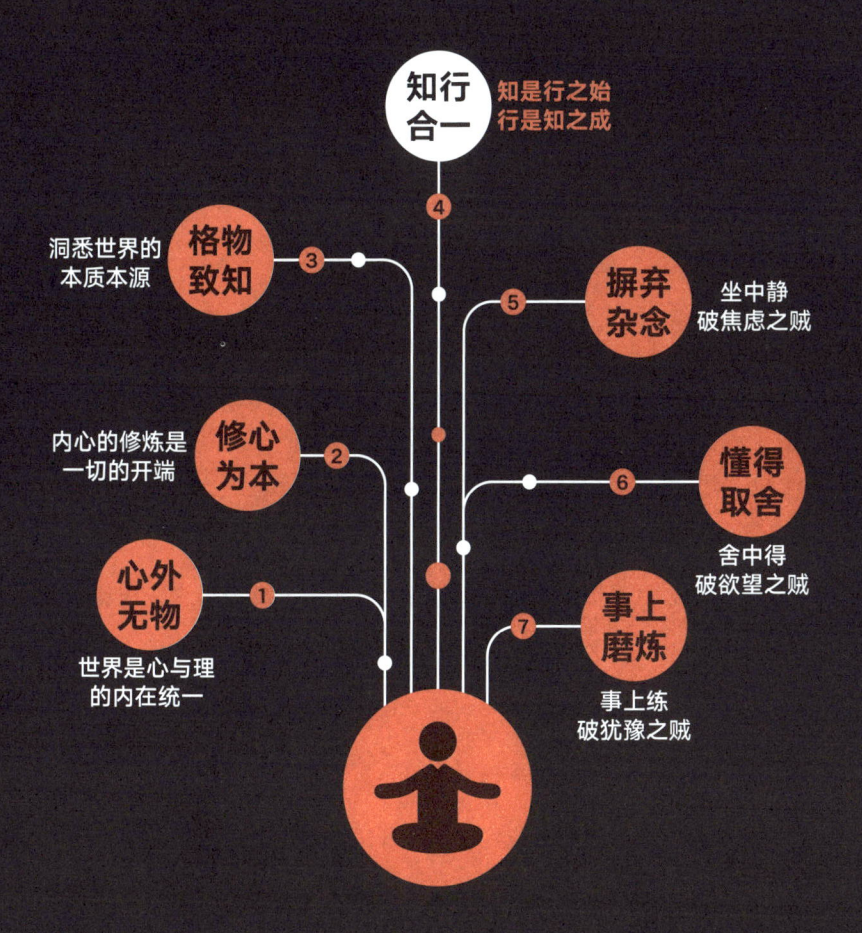

知行合一 — 知是行之始 行是知之成

格物致知 — 洞悉世界的本质本源

摒弃杂念 — 坐中静 破焦虑之贼

修心为本 — 内心的修炼是一切的开端

懂得取舍 — 舍中得 破欲望之贼

心外无物 — 世界是心与理的内在统一

事上磨炼 — 事上练 破犹豫之贼

格物穷理以明道，修心为本以立命，
知行并进以证真，事上磨砺以达仁。

1

成年人的第一课：管住嘴

曾国藩曾说："古来言凶德致败者有两端：曰长傲，曰多言。"从古至今，很多人，很多事，都坏在一张嘴上。

有些人心直口快，想到什么说什么，怎么开心怎么来，却忘了注意说话的分寸，容易遭人记恨不说，更会被有心之人利用，反受其害。有些事只要低调行事，专注于事情本身，就能提升成功的概率，但我们总喜欢在八字还没一撇时，就急不可耐地告诉别人，期待得到认可，结果很有可能好事变坏事，以失败告终。

真正的聪明人，无论什么时候，都不会随意乱说话。他们明白，不乱说话，才能减少祸端；管得住嘴，才会人生顺遂。

要知道，一个人话越多，就越容易让自己陷入困境，不如保持沉默，把话留在心里。

刘禹锡年纪轻轻就位极人臣，却因为"二王八司马事件"被贬到荒无人烟的边陲。十年之后，才再次被朝廷起用。谁知在回京路上，他一时兴起脱口成诗，讥讽当朝皇帝无知和新贵丑态，不过几日就被小人传入皇帝的耳中。皇帝雷霆大怒，直接将他发配到更偏远的地方，远离朝堂。

人心复杂难辨，所以我们要牢记人际交往的大忌——交浅言深。

人生在世，我们会遇到形形色色的人：有对你真心实意的人，有对你虚心假意的人，也有对你当面一套、背后一套的人，更有带着不良企图接近你，想要抓住你把柄的人。

而你要做的就是慎言。 与人交往不用太急，有几分情面就做几分情面的事，不该对别人说的话就要管住嘴。保护自己的隐私不是圆滑世故的表现，而是不让自己承担被泄密、背刺的风险。与人相处，要加深对他人的了解，仔细筛查和甄别收到的每个信息，才是对自己负责的行为。

《增广贤文》有言："逢人且说三分话，未可全抛一片心。"三分话是给自己留有余地，也是给对方留一个想象空间，若你将心事毫不保留地和盘托出，别人有了议论话题，你也成了众矢之的。

所以，很多时候，成长，始于沉默。人宁可装糊涂，也不要多说。

越是聪明的人，越懂得管住嘴； 越是低谷期，越要收好自己的情绪，否则容易引发破窗效应。

破窗效应是指一间房的窗户被人打破，如果没有人修理，要不了多久就会有人打破其他窗户，甚至闯进去偷东西。

就像有些人遇到问题，不是想办法自己解决，而是习惯性地向别人诉苦，把自己的伤疤和不幸一遍又一遍地暴露给别人看。你以为自己在向别人倾诉、寻求力量和帮助，事实上更多的人只是看乐子、看笑话，甚至想找机会背刺你。

即使你的朋友愿意听你倾诉，但不停地抱怨和诉苦，只会让人心生厌烦。

人都是慕强的，他们或许会安慰你，但不一定会发自内心地认同你。

所以说，在你身处逆境时，第一时间让自己闭嘴，藏住情绪，才能避免日后更大的伤害。在第一扇窗户破裂时，及时修补才能避免破窗效应。

人生所遇到的人，大多都是泛泛之交，你的困难在他们看来，可能只是嘴里的谈资。这个世界没有人能完全与你感同身受，一味地诉苦抱怨，只会让人看不起，不如让自己独处，潜龙勿用，将自己颓废低迷的情绪收起来，专注于事情本身。

强者活在事情里，弱者活在情绪里。真正厉害的人，早就把人生调成了静音模式。

然而一件事想要做成，除了不被情绪左右，不说丧气话，更要低调和谨慎，学会默默耕耘。

所谓"事以密成，言以泄败"。提前向他人透露自己做的事，往往是"半路开香槟"的状态，这会让我们产生一种"完成"的心理满足感，从而失去行动力，更有可能遭人嫉妒。

我们常在网上看到一句半开玩笑的话："又怕兄弟过得苦，又怕兄弟开路虎。"其实很多人可以接受陌生人的成功，但接受不了身边人的优秀。他们看不得你的成功，甚至还会给你悄悄使绊子。

所以，越是重要的事，越要守好秘密，这才是求成之道。

古话说："静水流深。"水越沉静，越是深邃；人越沉默，越有实力。

为什么高手普遍话比较少？

因为少言是维护自我能量场的一个重要方式。一个人说的话多了，就容易损耗自己的能量，执行力和思考必然跟不上说的话。话多的人总把时间耗费在无意义的争辩之中，却失去了潜在的人脉和长远的发展，最终碌碌无为。

相反，比起与人抱怨争辩，能管住自己嘴巴的人似乎更有福气，因为他们把更多时间花在了提升自己上，去增长见识，甄别收到的每个信息，从而看清事物的本质，做出正确决策。

很多时候，"不说"比"说"更有力量，能让你的人生之路更加开阔。

说出口的言语，可不是简单的汉字排列。生活中的很多矛盾和阻碍，都因脱口而出的话引起，要想屏蔽掉不必要的麻烦，就要管得住嘴，藏得住事，沉得住气，稳得住心。

如此，才能走好自己的路，过好自己的人生。

夸父逐日不语，鹏飞万里无言。随着人生历练，岁月积淀，慢慢发现，学会沉默，才是强大的开始。

万言万当，不如一默。管住嘴，是一个成年人的顶级修养。

② 一个人想改命，从破圈开始

想从底层爬出来，首先要学会破圈。

什么是破圈？

说白了，就是主动放弃老朋友，结交新朋友。

纵观历史上的每一个牛人，几乎都是破圈的高手。比如刘邦13岁出国找信陵君，刘备14岁拜师卢植。

我们总说"苟富贵，勿相忘"。**实际上一个人想要变强变富，就是不断挣扎换圈子、卸包袱的过程。**

毕竟，人际资源不会从天而降。人是环境的产物，会受到周围的人的评价和影响。一味地沉浸在同一种圈层里，带给你的只有原地打转，止步不前。

一个人的朋友圈在某种意义上就是一个人的财富总和。所谓"近朱者赤，近墨者黑"，圈子就是孕育一个人财商、情商、逆商的风水宝地。

当然，凡事都有其两面性，好的圈子能够让你起飞，差的圈子却可能让你万劫不复。如果你想披荆斩棘，翻身再起，一定不要拉老朋友上路，而是要在路上结交新的朋友。

关于如何破圈，我自己有三点心得。

第一，想破圈，你就不能害怕孤单，怕不合群。

有时候我们明知道大半夜去喝酒撸串一点意义没有，但就是舍不得所谓的兄弟义气。即便明显感觉到这个圈子没什么价值，很多人还是经不起诱惑，最终陷入价值泥潭的死循环。

我花了整整 5 年的时间才告别无效社交，这个过程非常痛苦。

我告诉你一个真相，我身边从底层爬上来的牛人，但凡赚到大钱的人，没有一个不是孤勇者。他们在事业起步阶段从没有人支持，因为创业本身就是对冒险的奖励。

就好比说你现在明知道做自媒体、做直播可以赚钱，但是你身边的人会支持吗？要么就是说直播不靠谱的，什么成功学传销，明明是一个国家都支持的平台，但依然有很多人不相信，为什么？

就是因为很多人做事怕孤单，觉得做事一定要有人理解、有人陪伴、有人认同，那样才会觉得安全，即使错了也不怕，因为其他人和自己一起，无论是对错还是受惩罚，自己都不会孤单。

因此，即使这件事是错的，如果有人陪，他也会去干。而如果说这件事没人陪，即使这件事是对的，他们也会打死都不做，这就是典型的弱者从众思维。

庸碌者在群体中寻找归属，聪明人只和同等层次的人深交。很多时候不是你有问题，而是圈子有问题。

你想成功就不要怕孤单，而且是必然的孤单，因为这是成功者的宿命。

第二，想破圈，你必须告别老朋友。

不是说老朋友没有感情和价值，而是当你习惯那种舒服的、没有新鲜感的环境，你就失去了奋斗的动力。这句话听上去很刺耳，但你仔细回忆一下，是不是这么回事？除了喝酒扯淡，基本上没什么正经事。

如果你身边都是老朋友，几年甚至十几年没有换过，我可以告诉你，那不是值得庆幸和炫耀的事。相反，这可能是一件非常危险的事。为什么？

因为那可能在说明你已经几年甚至十几年没有成长、没有改变过了，如果你继续如此，那你大概率会一直这副模样。正如有句话说的，很多人死于 25 岁，葬于 75 岁。

想要成功，你就得不停地成长，不断突破旧的圈子，进入新的圈子，从原生家庭进入中学，从中学进入大学，从大学进入公司，从公司进入行业，从行业进入社会。

人这一辈子要破的圈子实在是太多了，根本没有时间恋战，一旦你在哪个圈子待着不动了，你的成就也就止步于此了。你要进入新的圈子，就必须认识新的朋友，而与老朋友渐行渐远，这是一个必然的过程。

提升社交圈的层次，才能搭建更有效的人脉。而我们要做的，是让自己足够有本事，然后跳升到更好的圈层。

第三，朋友只能被筛选，不能被教育。

很多人在自己小有成绩以后就圣母心泛滥，就想帮朋友一把。我劝你打住。

每个人都有自己的人生，你永远叫不醒一个装睡的人，他父母都没能力改变他，你哪来的自信能够改变他呢？如果对方不想改变，你就是说破天也没有用。

世上最难的事，就是把自己的思想装进别人的脑袋。 如果你执意如此，那会让你痛苦万分。

人教人，教不会；事教人，一次就会。

所以我们要学会克制自己改造他人的欲望，别把自己的手在别人的生活里伸得太长。不要试图教育朋友，没有人喜欢被教育，大家都是成年人了，合得来就合，合不来就散，就这么简单。

最后我给大家一个破圈的忠告：不要等准备好了再上路，而是先上路再准备。

很多人做事都想着等自己准备好了才开始，这是错误的观点。

首先，你永远不可能准备好。你要怎么准备好？你能预测未来吗？你能提前知道你在做这件事情时会遇到什么样的问题吗？你不能。

所以你所谓的那个准备好只是存在于想象当中，在现实当中并不存在。

其次，等你真的准备好了，黄花菜都凉了。正所谓机不可失，时不再来，抓住现在的机会就是最好的准备。

成年人的世界，哪有事事都等你准备好了，很多事都是在实践和探索中成长的。

唐僧去西天取经不是等有了徒弟才开始上路的，而是在前往西天取经的路上才遇到了他的徒弟们。如果他不上路，就永远不可能遇到徒弟们，更不可能取回真经。有时候成长的代价就是如此矛盾和现实。路是自己选的，跪着你都要把它走完。

你要记住，不是看到希望才去出发，而是出发了才能看到希望。

要知道，只有人，才能帮人打造出"无敌竞争力"。你找不到的机会，朋友可能为你争取到；你想不通的问题，别人那里可能有答案。

社交圈的半径越长，可施展才华的空间就越大。掌握破圈的能力，你的人生将不可限量。

3

贵人为什么要帮你？

人生得一贵人，胜过读十年书。

自己走百步，不如贵人扶一步；高人指路，不如有贵人相助。

在我看来，人生最大的幸运不是中大奖，而是遇到一个愿意带你成长的贵人。

这样的贵人可能没钱、没权，但一定会在你没有方向时，像灯塔一样出现为你指引方向。

他们愿意帮你指点迷津，让你少走弯路，不用经历太多的坎坷和挫折；也愿意教你真正有用的技能和知识，帮你快速成长；还能为你的职业生涯带来许多机遇，认识更多有价值的人脉资源，让你赚更多的钱。

想要在人生之路上走得顺风顺水，就离不开每一位贵人的帮扶。

很多人一辈子都没有机会得到贵人相助，因为原生家庭、交际圈子、从业场景等你所处的环境，都会限制你的思想和认知。不要怕欠人情，人情本就是相互麻烦出来的，懂得还人情，才能让贵人源源不断涌向你。

想要破圈、向上社交，就必须有这三种特质。

第一，事事有回应，凡事有交代。

你要知道，在当下社会，关系好没用，讨人喜欢也没用，做个靠谱的人最有用。

遇到贵人，你要用行动告诉对方，你交代的事我都放在心上，在认真努力地完成。

要告诉对方，你这人可以交往，你的每一份成就都有他当时指点的功劳。当你进步时，要和他分享你的喜悦，表达你的感谢。大佬可能不会回应什么，但你一定要说。

没有人会喜欢白眼狼，接受了指点就要学会给反馈，要让贵人知道自己的帮助是有效的，贵人才会更认可你，更愿意长期帮助你。你要让贵人知道，自己的帮助起到什么作用，是赋予"帮助"以"意义感"。

第二，态度真诚，真诚是社交的必杀技。

不要在贵人面前耍小聪明、装模作样，贵人之所以是你的贵人，必定是他们的社会经验足、遇到的人和事更多，在他们眼里，你就像是个透明人，一眼就能看穿。对于大佬来说，真诚才是向上社交的必杀技。

"真诚"两个字，说来简单，可想要做到，实则不易。你得是个能够接纳自我、知恩图报、言出必行的人。

因为大佬也是一步步爬上山峰的人，他会欣赏那些真诚地展示自己实力和潜力的后辈，并且给予帮助。

在这个智商过剩的世界，套路层出不穷，真诚就更显得难能可贵。一两重的真诚，等于一吨重的聪明。

只有以心换心的真诚，才是成人世界最好的社交货币。

第三，关系用在关键的地方，不要随意消耗。

结交高段位的人本就不易，刚一建立起微小的联系，就用小事麻烦，或者利用他们的资源来满足自己低级的需求，这种做法最容易消耗关系。

明明自己有点耐心就能搞定的事，非要找大佬帮忙解决，会让他们觉得你不仅没能力，还极不成熟。

关键的人要留在关键的时候用。为值得的事情动用人脉，是对

别人能力的一种尊重。

要知道，人与人交往的本质是价值交换。哪怕泛泛之交，也需要给对方一个联系我们的理由。这看似很功利，却是不争的事实。

想得到某样东西，最好的方法就是让自己努力配得上它。贵人同样如此。

你想要贵人相助，就要具备贵人需要的实力，没有实力加持，那些得来的人脉资源，也只是躺在通讯录上的名字，好看但没用。所以专注提升自己，才是硬道理。

当一个人认识你，对他而言是正向收益的时候，他才会和你做朋友。

想得到贵人的帮助，光靠一张巧嘴画饼是不够的，还得拿出行动，让贵人看到你的价值。

这种价值感会让贵人觉得"有所得"，持续帮助你就是"持续有所得"，而不是单向做慈善。贵人给予的帮助，本质上也是一种投资。

除以上三点之外，还有一个重要原因。就是贵人之所以会帮你，是因为在你身上看到了过去的自己，一样的敢拼、敢干、敢闯，对事业充满着激情和必胜的决心。

所以，真正的贵人运不是求来的，也不是争来的，而是凭实力

换来的。永远记住，你的自身价值，才是破圈的关键。

人生最好的"风水"，莫过于不断提升自己。当你崭露头角的时候，曾经求而不得的机遇和人脉便会主动来敲门。

当你成为真正的强者，愿意成就你的贵人便会越来越多。

自己走百步,
不如贵人扶一步;
有高人指路,
不如得贵人相助。

· 破局 ·

大破大立,才能风生水起

4

强者是如何炼成的？

黄渤在一次采访中说："以前在剧组里面，你能碰到各色各样的人，各种小心机……现在（成名了）身边全是好人，每一张都是洋溢的笑脸。"

这个世界对待强者和弱者的方式是如此不同，只有成为强者，世界才会对你笑脸相迎。

《天道》这个电视剧让我很有感触。其中王志文扮演的角色丁元英有句台词："透视社会依次有三个层面：技术、制度和文化。小到一个人，大到一个国家、一个民族，任何一种命运，都是那种文化属性的产物。强势文化造就强者，弱势文化造就弱者，这是规律。"

那么，何为弱势文化？何为强势文化？

弱势文化这类人只想等、靠、要，总是在遵循一种被动的"奴性思维"，等待着别人给自己机会，或者来奖赏自己；而主张强势文化的人，他们靠实力说话，远见卓识，敢于拼搏，懂得借势，最后人生逆袭，实现阶层跃迁。

所以不一样的认知、对社会和世界不一样的思考，造就了人与人之间不同的人生和命运。

那么弱者该如何成为强者？

我认为最核心的一点是：干掉过去的自己。这是成为强者的第一步，也是最难的一步。

因为人是一种善于自我欺骗的动物，不是每个人都能承认自身的软弱，直面自己卑怯，进而想办法改变。相反，还会编造各种理由极力掩饰和美化自己，给自己找各种合理化的借口，让自己看起来更正当、更得体：如果我父母有钱就好了，等我找到工作就行了，等我赚到钱就好办了，但这些统统都只是自我欺骗罢了。

某种程度上，这类"自我欺骗"是弱者的心理防御机制，帮助他们减少生活压力。但长期处于这种状态，也会让人无法认清现实，不敢正视现实，丧失提升自己的行动力。

每个人都追逐强者、倾慕强者，也想成为强者。但强者也并非天生自强，而是经过无数磨难，打碎自己后重新站立起来，在后天不断修炼的结果。

"强"并不是可习得的能力，而是一个人在经历绝境时，从内里真正迸发出的彻头彻尾改变自己的黑色生命力。也可以理解为大家常常说的逆商。

什么是黑色生命力？**是指度过创伤、压力或逆境后所生出的适应力量，包含对情绪更宽阔的认识及体悟、对复杂性的认知及理解、对生命产生的洞见及人生哲学。**

所以，一个人的觉醒从捏碎过去的自己开始。你开始觉醒，直面自身的脆弱、孤独、恐惧等不足，从而采取一系列行动去改变，最终破茧成蝶。这个过程，就是一个人变强的过程。

正所谓："穷则变，变则通，通则久。"

至暗时刻，几乎是每个牛人的标配。俞敏洪曾陪人喝酒住院险些丧命；阿里巴巴曾一度面临倒闭；艰难时刻，马化腾想要卖掉QQ。这其实是成为强者的底层逻辑。

改变固有的弱者思维只是一个起点，离真正的强者还有差距。所以这个干掉自己，应该是全方位的，有想法还要有行动，知行合一才是真强者。

王阳明曾说过一句话:"人须有为己之心,方能克己;能克己,方能成己。"也就是说,只有自己战胜自己,才能自己成就自己。

当我们还处于弱势的时候,身边的各类资源是匮乏的。这个阶段该怎么办?**聚焦在一个点上,跟自己死磕,把事情做到极致。死磕自己,是一种精神,但更是一种方法。**

你我都是芸芸众生中的普通人,教育背景一般、职业技能缺乏、拼爹无望、为人生前途迷茫焦虑。在资源本就贫乏的条件下,我们唯一能做的,就是把自己不多的资源聚拢起来,投注到做一件事情上。

专心做好一件事,这就是撬动我们命运的价值杠杆。也是一条被很多人验证过的道路。

就拿我自己来说,大家现在看到我的流量和能量,刷到我很多爆火、出圈的视频内容,看到全网几百甚至上千个账号在做我的视频切片。但在几年之前,我辞掉电视台的铁饭碗,独自一人单枪匹马、孤注一掷地出来创业,每天在房间内准时开播,一步一步走到今天。

在此之前,我在媒体行业深耕了20年,无论是电台、电视台、商业节目、大型综艺节目还是选秀节目,我都参与过。从策划、编排、编导,甚至从打杂到灯光、舞美、场记、制片,再到文案策划、广告运营，以及对接客户再到制片人、出品人，这个行业的全流程，大大小小每一个工种，我没有一个不会的。

所以，没有所谓的横空出世，而是日复一日跟自己死磕后的量变引发了质变。只有亲手干掉过自己，干出过成绩，你才能成为强者。

陈继儒在《小窗幽记》中写过一句话："是技皆可成名天下。"

特别是当下这个新媒体时代，为每个普通人都提供一个展示自己的舞台，根本不存在怀才不遇，但关键是你必须真的具备才华。**只要有真本事，人和钱都会追着你跑。**

凭借"等靠要"这样的弱者思维活着，注定会沦为生活的牛马，只有遵循强者思维行事，你才能占据人生的高地，扭转自己的命运。

5 你凭什么赚到钱?

普通人为什么只能解决温饱,却赚不到更多的钱?

因为只有驴子做到好好拉磨,富人才能安安稳稳地坐享其成。

富人的财富大都来自穷人的劳动,穷人越努力,则富人越富有,这就是"勤劳致富"的另一种真相。

而富人为了巩固自己的地位和财富,会设计各种方式限制和阻止穷人变富。

他们让普通人沉迷游戏、沉迷短视频、沉迷消费陷阱,记忆力、脑力日渐退化,不愿思考,使普通人陷入了认知低信息差的死循环,跳不出思维局限,永远赚不到钱。

要知道，赚钱这件事，如果悟不透底层逻辑，搞不清行业门道，无异于盲人摸象。

大家都想赚钱，但大部分普通人都像无头苍蝇般乱撞，不懂财富的定义和本质。除了打工之外，他们很难想出其他赚钱的方法，最终只能选择日复一日、年复一年地保持现状，维持安稳。

所以普通人想要赚钱，我认为最基本也最有效的只有这三个步骤。

第一，想赚钱，一定要让自己值钱。

对自己要求低，总做没门槛的事，在经济环境好的时候还能混一混，但经济环境差时，你就会发现这种人往往在第一波就被淘汰了。市场的需求是不会变的，只会更追求性价比。你只能让自己的钱花得更值一些，形成自己的优势，让市场看到你的价值，这样你才能脱颖而出。

学成文武艺，货与帝王家。倘若你的本领能帮助别人赚钱，或者帮助自己安身立命，这就是你最值钱的地方。

当你学成高段位的功夫，和人对打博弈时，结局是你赢了，很多人只会觉得你的花拳绣腿很厉害，想学你的招式。殊不知，他们只看到了表面的术，但实际上你能赢是因为你的基本功练得很扎实，光是扎马步就扎了3年，这才是内里的底气。

那些急于求成、耽于幻想的人，三天打鱼两天晒网，却还想达到别人三年、五年甚至十年才锻炼出的能力，这种人往往结局不佳。所以他们不值钱，也很容易被市场替换掉。

你要明白，钱，不是等来的，而是一点一点赚出来的。

一旦选定了目标，就要拼尽全力地向前冲，付出不亚于任何人的努力来提升自己。无论起点有多低，敢放手去做，肯持续付出，钱就会奔你而来。

第二，找对赛道，用你的优势去结合时代的趋势。

人要讲究顺势而为，在选择大于努力的年代，更要懂得顺着时代的趋势向前，而不是反其道而行，就像我们不能卖给和尚梳子一样。当你十年磨一剑，练就看家本领后，更要抓住时机和风口，因为你没有风口，是不可能富起来的。

李连杰年少时只是个武术运动员，如果不是香港的武侠影视风口正盛，他可能一辈子只是个运动员，练到一定年龄选择退役，退役后成为武术教练，下半辈子就过去了。但香港的武侠影视风刮到了北京，李连杰的教练推荐他去试镜，拍完《少林寺》后他一夜成名。

你看，正是他抓住了这个风口，所以此后才能顺风顺水。

也就是说，你要有一项看家本领，掌握一项技能，然后等着风

口来。

站在风口上，猪都能飞起来，但能飞起来的是事先来到风口的猪。

就像近几年的短视频风口，凡是抓住这个商业契机，有一定技能的人，都在自媒体上获得了一定结果，而大多数没有一技之长的人只能眼睁睁看着别人成功，自己却一无所获。

只靠个人的力量，是难以实现的。但是在时代的风口之下，再难办的问题，也有轻松化解的途径。

好风凭借力，送我上青云。善于借势，才能更好打破命运桎梏，实现人生的逆袭。

第三，加杠杆，让价值放大，让价值翻倍。

杠杆的本质原理是以小博大，在经济学里，指的是在经济活动中通过较少的资金支配更多的资产，从而撬动更大的利润。

现代社会中，懂得利用杠杆，为他人创造价值，哪怕是情绪价值，都会更容易放大优势，撬动更多的机会和资源，甚至对竞争者产生降维打击。

普通人为钱工作，富人让钱为他们工作，两者之间的思维方式有着天壤之别。所以普通人要做的就是升维，不升维又怎能降维打击别人呢？

自媒体在很多时候就像一个杠杆,业务能力就是你的支点。当你利用自媒体放大社交属性,根据客户需求定制产品并进行售卖时,这就是升维思考。

我们生活中绝大多数问题,其答案基本都写在更高的层次上。

你可以看看《三体》,四维打三维、三维打二维、二维打一维,都是高维度解决低维度问题,解决之道就在于你能否看清问题的本质和根源。

当你能撬动客户群体时,你会发现支点很重要。当你的业务能力越熟练时,支点就越稳固,撬动客户群体的杠杆也会越坚挺,撬动的价值就会成倍增长。

让自己有一项可以安身立命的本事,找准属于自己的风口和赛道,从而利用杠杆四两拨千斤,撬动更多的机会和资源。

当你做好这三点后,你会发现赚钱永远离不开渠道、融资、销售和需求,钱可以直接生钱,创业也不一定花自己的钱,财富就会水到渠成,涌到你面前。

说到底,财富的本质,就是思维的变现。 每个人都该有打破自己思想钢印的勇气。

如果你现在苦于贫穷,找不到破局的切入点,不妨先转变下自己的观念,学着像富人一样去思考。

当你打破思维的茧房，看到盲区之外的世界，赚钱的机会也会随之浮现。

要知道，没有人活该是穷人。只要你肯，我命由我不由天。

6

真正聪明的人，都把自己当成资产经营

真正的聪明人，都懂得经营自己。

现代管理学之父彼得·德鲁克说过："如果把人生比作一家企业，我们就是自己这家企业最好的管理者。"公司想要赚钱，离不开妥善的经营；人想要赚钱，同样也需要经营。

一个人的价值与他的能力成正比。能成事的人，都把自己当成一种资产，长期投资，随时随地开工赚钱，直到把自己打磨到极致，才能让自己成为无可替代的存在。而能理解这一层面的人，都有三个特点。

第一，他明白自己永远是自己最强的依靠。

有的人期望别人对自己的人生负责，一旦出了问题，就会怨领导眼光差，怨父母没本事，从来不考虑自己的价值有没有达到。有的人却知道，能对自己负得起责任的只有自己，与别人相处是否顺利融洽，也取决于自身的价值。

说白了，一个人的命好不好，很大程度上都是自己亲手造就的。**社交的本质是交换：情感换情感是友谊、信息换信息是合作、利益换利益是生意。**

想从对方身上获取什么，对应的也要考虑，自身能给到对方什么。你若身无所长，别人八成不会把你放在眼里；你若前途无量，别人不仅对你青眼有加，而且大概率还会把帮助你当成荣幸。

与其在还不够强大时浪费精力拓展人脉，不如在静默无人时努力升值自己。考虑清楚这点，你就会发现，当你有了强大的能力托底，所有的好运都在赶来的路上。

第二，他有看清趋势的能力。

赚钱讲究顺势而为，先知先觉的人会带后知后觉的人，去赚无知无觉人的钱。跟对人才有可能做对事，顺应当下的大趋势才有机会做成事。很多时候，选择远比努力更重要。真正的聪明人懂得顺势而为。在风来之前默默蛰伏，在风起之际乘风而上，不断开发潜能，打磨本领。

这种人不会把自己孤立起来闭门造车，而是一直找大佬学习和复制经验，从不逆势而行。即使遇到失败也不会放弃，而是继续寻找未来的趋势，坚持破圈的动作，总有一天，他会逆风翻盘。

认知浅薄的人往往用现在的结果来衡量之前的选择，进而不敢过多尝试。但真正思考过、能够看清未来趋势的人，只会马不停蹄奔向下一个风口，成为那只站在风口上的"猪"。

第三，他的抗打击能力很强。

比如做自媒体，有些人坚持了几个月也没有收获，就先去打份工解决温饱问题，把攒下的钱继续投入做自媒体，他们明白成功不是一蹴而就的，需要时间积累。毕竟种地都讲究春种夏长秋收，想要成事，至少要坚持三个月，如果你连三个月都坚持不了，总想着当天拍摄就能爆火，当月就走向巅峰，一旦不成就选择放弃，这样的人大概率一辈子都碌碌无为。因为他没有抗打击能力，遇到外界打击就会意志消沉，压力一旦增多就会选择放弃。

相反，成功的人只会像弹簧一样，面对失败会复盘，面对压力会触底反弹，他们从来不会一蹶不振，总是短暂蛰伏，寻找下次翻盘的机会。

一个人能不能成事，主要看他有多大的抗打击能力。对努力赚钱的人来说，所有的打击不过是成功的前奏，熬过去才是人生的赢家。

当你有了这三个特点时，你会发现人生就像经营一家公司。公司需要王牌产品，找准市场进行投放，投放之后更要接受破产失败的可能。

相对而言，你的能力就是你的产品，产品的好坏取决于你对自己的投资经营是否到位。你的定位就是你的市场，一个人未来能走多远不是取决于他起点的高低，而取决于他对自己的了解认知、定位高低。你的再次尝试就是你能否接受失败破产的关键，保持充沛的体力和精神去拼搏，寻找突破机会，才有下一次成功的可能。

转变你的心态，你就是自己人生的CEO。你的实力是公司的实力，你的认知就是公司的决策逻辑，你的选择是公司的战略方向，你的人脉是公司的合作资源。

把自己当成一家公司经营，分析自己的内外优势，用企业思维去决策，你能看到的是一条长远的光明大道，而不是个人眼前微小的利益和一地鸡毛。

只有当你开始用心经营自己，你才能在市场里持续增值。

强者思维就是认栽，
不内耗，不纠结，
直接买单离场，
让此事翻篇。

·破局·

大破大立，才能风生水起

7

想逆风翻盘，必须破这九道关

每个人都有一个觉醒期，觉醒的早晚决定了一个人的命运。 一个人想要改命，必须闯过人生的九道难关。

第一关是怨天尤人。

日子过得不如意，怪原生家庭拖累了自己；婚姻生活不幸福，怪另一半不合适；工作不顺利，怪社会发展太快自己跟不上。凡事都爱从外界找原因，不知不觉中形成了"受害者心态"。

越是抱怨，身边的负能量气场就越多，从而使人越来越不顺。心中有怨气，遇到责任又想着逃避，怎么能成事？

所谓知人者智，自知者明。一个人只有停止抱怨，凡事内求，

才是变强的开始。

你改变不了社会，改变不了别人，你能改变的只有自己，扛起应有的责任担当，认清处境，制定目标，勇敢面对。

第二关是急于求成。

很多人在第一关半梦半醒，想要迫切了解自己的所思所想，急于缩短与高手之间的差距，妄想付出三分努力就能得到七分回报，一步登天，实现自己的目标。

但往往最后什么都得不到，就是因为你太急功近利了。

任何成功都有门槛，高手之所以成为高手，是因为他们能够循序渐进，经历九九八十一难，最终才达到了自己想要的目标。

生活，本就是一场值得细细品味的盛宴。凡事不必火急火燎，把脚步放慢一点，把心态放平一点，好运自来。

第三关是孤立无援。

人只有体验过孤立无援的滋味，才能认清现实的残酷。

每个人都有至暗时刻，都曾经历过孤立无援，向前一步看不清未来的路，退后一步是悬崖，四顾无援时，你该如何选择？只能闭着眼睛向前冲，这条路不行就试下一条，孤勇者就是这么来的。

当你真正走过了最暗的夜，便能等来明亮的天。

第四关是深度思考。

当你孤立无援的时候,你会发现叫天天不应,叫地地不灵,而这也是我们开始深度思考的起点。

梳理问题,归纳总结,你会发现其实并没有走到一条不进则退的路上,只是之前的努力都是浅显无用的,因为缺少了真正的思考。没有思考就贸然行动,即使能力再强,也不能保证成功。

很多时候我们困于生命的高墙,并非缺少梯子,而是从未认真想过如何更好地使用梯子。

思考的质量决定人生的质量。你每一次的深度思考,都是在突破自我的界限。

第五关是改变自我。

在深度思考过程中,当发现阻碍你成功的问题都源于自身时,你会怎么做?谁损失谁负责,谁痛苦谁改变。

如果觉得痛苦,就从改变自我入手,从小事做起,比如把买了没读的书先看完,把报名没听完的课从头到尾再听一遍。不管时机再晚,只要铆足劲去修正自己,璞玉经过千般磋磨,也有机会终成良玉。

生命本是一场自我雕琢的修行,每修正一个瑕疵,自己便会精

进一分。

知行合一，成功才会更近一步。

第六关是接纳一切。

当我们接纳了一切的不公平、残忍的真相和人性的底层逻辑时，就能合理地把所有伤害过你的痛和恶解释清楚。外因的伤害往往是权衡过利弊的，因为伤害你能让他获得更大的利益，但我们不能一直处于痛苦的情绪中，想得多干得少，不如不想。

这个世上的事情，都并非强加于你，全看你接不接受、愿不愿意，因而很多痛苦更像是自己想象出来的，而非真实存在的。

要知道，一个人最强大的力量，不是抵抗，而是接受。

第七关是做好自己。

凡事我必争取，不管发生什么事，处于什么环境，面对什么人，都一定要把自己放在第一位，找好项目、制定目标，倾尽全力地做一件事情。不管是挣钱还是做业务，把自己的认知水平提升起来，成功也会随之而来。

每个人都是独一无二的，找到自己的价值，努力成为自己，才是最聪明的活法。

第八关是顺其自然。

很多困苦的出现本身就是无法阻挡的。你烦恼也这样，忧愁也这样，不如选择顺其自然。谋事在人，成事在天，但行好事，莫问前程。不必担心未来如何，只把当下的事做好，不去过多纠结对错和结果，即使结果是坏的，也不要后悔。

顺其自然，随遇而安，这是人生一大重要的生存哲学。
第九关是心如止水。

你能接受世界所有的善恶，理解人性的复杂，不怕穷困潦倒，身处绝境也能心如止水，这个世界就没有什么过不去的坎。

一个人活到极致，其实就是达到心如止水的境界。世上纵有万般诱惑，只要心不动，就不会迷失本性。你可以不受外界羁绊，不为当下所困，任凭世事变化，也能安定从容。

要破这认知的九层塔何其之难，绝大多数人都在底层，无法正视自己，只顾外求地怨天怨地怨人，根本爬不上去。

所以想要自强自立，就要从第一关开始修炼。停止碎碎念、停止抱怨，摆脱无知的念头，承担自己失败的责任，这样你们可以直接跳到第四关深度思考，重新认知自我，一步步梳理自己的目标，全心全力去做，才有成功的可能。要知道，世界上成功的人都是厚积薄发、稳扎稳打的。

切忌心乱如麻，想法过多，却没有一步实操，也就缺了第一关到第八关，一关都没过，又怎能成功？

想要给人生翻盘,就得对自己狠一点。

当你破了这九关,命运的齿轮就一定会为你转动,最终助你走出生命的迷局。

强者不忍受，只接受

我们常说格局是被委屈撑大的，能忍的人方成大器。

但我认为，顶级的强者心态，不是忍受，而是接受。很多人误以为忍受一切就是接受一切，其实两者大不相同。

忍受是被动的，带着一种不情愿的心态。

它通常意味着人们在面对困难时，虽然内心不情愿，但可以勉强甚至强迫自己忍受这件事带给自己的伤害。这种忍受，只会带给你情绪内耗，不仅对你没有半点好处，还会默认那些伤害你的人和事继续存在，对方也会越发嚣张。

接受是主动的，是一种更为积极、主动的心态。

它意味着人们在遇到问题时，往往具有一种超越普通人的心态，即允许一切发生并坦然接受。无论成功还是失败，顺境还是逆境，对自己有利还是无利，都能够冷静、理性地审视并接纳当前的状况。他们不会因为一时得失而过分喜悦或沮丧，而是能保持内心的平静与稳定，以更加从容、自信的态度面对未来的挑战。

但接受不等于认同，而是敢于直面现实，在困难中找到破局的力量，并在此基础上做出最符合自身利益的决策和行动。

我始终觉得忍受是被高估的美德，因为"忍"字是心头上一把刀。

面对一个人或一件事时，你选择忍受，说明你心里没有完全放下这件事，你无法控制自己不去回想这件事带给你的伤痛，更无法控制事态的变化和发展，未来也无法控制事态能否走向利于自己的一面。这并不是真正成熟的表现，更会让你陷入被动的选择。

接受才是强者的制胜心法。因为接受了才不会产生情绪，才会理性地思考问题并采取行动。

一个人得罪了你，你忍他，这不是狠；你接受他，才是真的狠。

因为你接受了他，就代表着你在心理上获得了主动权，化被动为主动。未来是笑脸相迎还是形如陌路，都由你自己决定，而对方只能被动接招。**当你把忍受变成接受，这时的你才是一个真正的狠人。**

换句话说就是，**强者活在事情里，弱者活在情绪里。**

选择忍受还是接受，虽然都在一念之间，却能成就不同的人生。

首先，接受人际与事情中悬而未决的状态。

我们做事时，总是非常迫切地想要一个结果，如果没有拿到确定性的答案，就会惴惴不安。比如你给别人发了一条消息，对方迟迟没有回应，你就会感觉到非常焦虑，开始胡思乱想。再比如你周末要早起去做一件事情，会从周三就开始提前焦虑，一想到这件事情，你的心就紧张起来……

这里面暗含了一种很不健康的心态，即你想强迫整个世界都按照你的节奏运行，希望舍去过程直接看到结果，但这个世界90%的事情都是悬而未决的状态，我们必须学会坦然地生活在过程之中。

正如古话所说："心不安定，则一事无成。"

每逢大事须有静气，心不定，动作就会跟着变形，保持内心安宁，才能克服焦虑。谁最能接受当下的状态，跟这种未知的状态平衡相处，谁才能真正把握节奏和走向。

其次，接受最坏的结果和一切决策的代价。

人人都会遇到不好的事情，但强者之所以成功，是因为他们在面对失误、挫折时，敢于接受这个结果，从头再来。

项羽身为西楚霸王，不愿接受自己败于昔日不放在眼里的刘邦，选择在乌江自刎，最终结束一切。如果项羽能忍一时之辱，退守一方，肯从头再来，历史的走向是否就会彻底改变？

人一定要戒掉的习惯就是穷思竭虑，对不好的事情反复咀嚼，在负面的思维里反复辗转，这样的行为会把自己置于危险的境地。

强者思维就是认栽，不内耗、不纠结，直接买单离场，让此事翻篇。

山外有山，人外有人，要接受自己还不够强大的现实，如果一个人过不了这一关，就更容易栽跟头。**一个人最聪明的活法，便是允许现实不尽如人意，并果断买单离席。遇事不钻牛角尖，力不到处就认输，智不及时就认栽。**

最后，接受世界运转的基本逻辑——这世上唯一不变的就是变。

很多时候，我们的内耗就是忍受了已经发生的事情，却没有接受它。当你不接受眼前的事实，过去忍下的那口气随时随地就会翻涌出来，让你陷入无尽的消耗中。

我们面对变化和无常，唯一能做的就是接受。因为凡是发生的，都是必然发生的。就算你不接受，也依旧会发生。

我们能做的，就是调整看待事情的角度和心态。真正的强者心态不是做一件事必须成功，而是允许一切发生，接受一切发生，接受失败也接受痛苦，但从不把困难视为恐惧，而是自己迈步向前的基石。

保持正心、正念，相信凡事发生必有利于我，心态就是一个人最好的"风水"。

往后的每一天，我们唯一要做的就是尽人事、听天命。充分地经历、彻底地体验，然后允许一切发生。

经历的世事越多，越发觉得真正的强大不是对抗，而是接受。生命不过是一场日趋圆满的体验，尽兴此生，输赢皆有意义。

以随遇而安的心态，过顺其自然的生活。不沉溺于失去的痛苦，不纠结于无法改变的遗憾。 如此，便能不断尝试、不断突破，你的人生才会迎来新的篇章。

9

认知越高的人，越"无情"

真正的高手很少会被情绪支配，而是说软话做狠事。

动不动就生气，从别人身上找原因的人，都是认知低、没本事、没智慧的庸人。

要知道，你陷入什么情绪，就是什么命。

倘若你生活在底层，还管不住自己的情绪，就会活得很痛苦。因为底层的人，往往不够理性，他们习惯了用情绪互相攻击、用道德互相绑架，不管对方说什么做什么，都会站出来反对，只为了证明自己是对的，甚至毫无道理可言。

你看，很多在互联网上口出狂言的"杠精"，一细看往往都是普通得不能再普通的人。因为他们不具备什么过人的能力，也动不了你的利益，便只能逞口舌之快，让你情绪内耗。当你被他们缠住，过多投入你的专注力，疲于应付时，反而着了他们的道。

与其被外界的人和事困扰，不如用冷淡竖起一道围墙。学会保持冷漠，你才能保护好自身的精力与能量，彻底掌控自己的人生。

所以，想从底层爬出来，就一定要减少情绪内耗。

学会适度"六亲不认"，专注挣钱、搞事业，不要理会底层那些低级的招数。当你学会在底层社会里保护好自己的情绪和能量，就说明你已经从本质上看透了人性，这时你要学会放大自己的利用价值，快速跃升到中层。

当你到达中层，你就会感受到人际交往中该有的礼貌和尊重。因为人都是慕强的，中层人不仅不会和你争吵，反而会趋利避害，成为你的追随者或者同盟者。而你想要更进一步，就得从中层里选出对你有价值的同盟，组成利益共同体。

当你到了高层，一览众山小，你的内心早已淡然平和，容得下外界的喧闹嘈杂，也受得住众人的议论诽谤，不置身是非之中，不屑与人争辩。

对于高层次的人来说，时间和耳根清净更重要。毕竟，为人处世只有保持冷静，不受外界杂音的影响，才能在自己的节奏中稳步前行。

电视剧《天道》中，丁元英在王庙村跟村民开会说过一句话："生存法则很简单，就是忍人所不忍，能人所不能。忍是一条线，能是一条线，这两者之间就是生存空间。"

所以，从底层一路杀出的人，注定是"无情"的。

他们早已摒弃了情绪，专注挣钱、搞事业，放下了没必要的自尊心。不吃他人内耗的苦，只吃自我提升的苦。

强者无论到什么时候，都坚信自己才是出类拔萃的那个人，无论受过多少次打击或是身边亲人的冷眼相待，都敢于直面惨淡的现状，一心笃定自己可以从底层杀出。

对外看透人性，不再对任何人保持期待，比起做事，做人的水平更高。丁元英去面馆吃面，老板讽刺他好吃懒做；去路边摊吃馄饨，老板忘记他付了钱，直说他贪便宜。可丁元英面不改色，更没有争辩，只因他曾说过："我现在已经不和别人争吵了，因为我开始意识到，每个人只能站在自己的认知角度去思考问题。"

认知越高，你越会意识到，有时候"无情"恰恰是最深的智慧。

强者早早体会过世态炎凉和人情冷暖，所以认知更高，人也更包容，说话办事总让人舒服，他们懂得用利益绑定同盟，而不是靠情感维系关系，在烂人烂事上绝不消耗自己的时间和精力。

这些人混迹社会的本领无人可挡，因为他们有着很强的屏蔽力和钝感力，他们不是没有情绪，而是跳过产生情绪的阶段，直接解决问题。

杨天真曾在采访时分享："我目光所及的所有事情，只有一个东西叫解决问题，我不会生气发飙的。"

说到底，人的专注力都是有限的，当你执着于情绪发泄，解决问题的精力和时间就会变少；当你不再产生多余的情绪，看清事物本质的判断力才会增强，从而快速高效地解决问题。

跳过任何事情中的情绪化过程，才是强者成功的秘诀。

认知高的人不会被情感左右，而是在更高的维度俯视当下，一览全貌，看到事情的本质，直达要害。

所以说，认知越高，越无情。无情并不是冷漠、薄情寡义，而是一种站在高处俯瞰世事的清醒。

人类不会在意蚂蚁的喜怒哀乐，强者同样不会在意弱者的痛苦或刁难，因为你的烦恼强者早已看透，而且强者深知，人是叫不醒的。你把自己设想成了救世主，以为自己多给予，多付出，就可以救他人于水火。

然而，对于内心贫乏荒芜的人来说，你的善意反而会助长他们的惰性，让他们在精神上一直跪着。

强者拥有更高维度的认知，总能洞察事物的本质，不被别人的看法和情绪左右。他们看待世俗的纷争都有一种居高临下的包容，可以淡然地面对一切责难和谩骂，不屑争辩。

他们看透了情感的虚妄，知晓生活中很多情感纠葛不过是浪费，而真正有价值的东西，是遵循事物的本质，按照规律行事。

站得越高的人，内心越笃定。

因为真正高段位的人，不是通过情感来掌控世界，而是通过理性来驾驭生活。

也正是如此，他们的内心足够强大，没有什么能困住他们，所以才能快速抵达成功的彼岸。

死磕自己,
是一种精神,
更是一种方法。

· 破局 ·

大破大立,才能风生水起

博

第三章

(CHAPTER 3)

谋士以身入局,
举棋胜天半子

反者,道之动。
弱者,道之用。

出自
《道德经》

·博弈·
向道德经学习博弈智慧

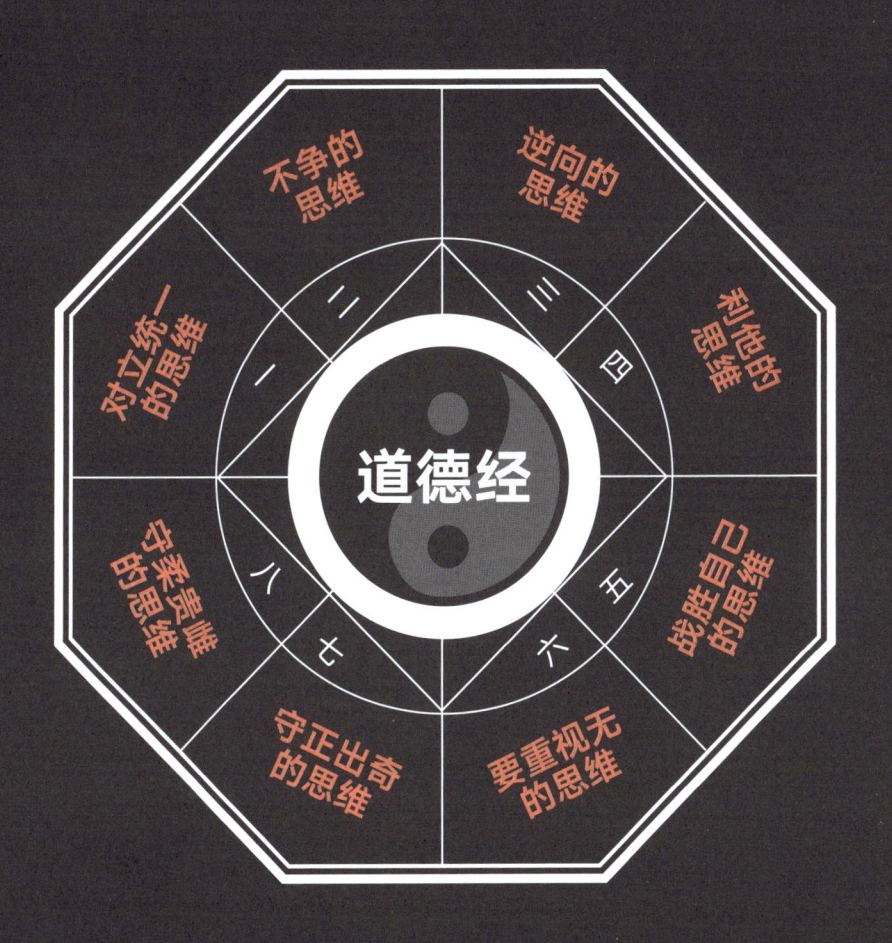

- 一 对立统一的思维
- 二 不争的思维
- 三 逆向的思维
- 四 利他的思维
- 五 战胜自己的思维
- 六 要重视无的思维
- 七 守正出奇的思维
- 八 守柔贵雌的思维

道德经

善胜敌者不与争，善用人者为之下，善谋奇者守其正，善破局者贵若水。

1

聪明人吃老实人，老天爷吃聪明人

苏轼曾言："大勇若怯，大智若愚。"

凡是聪明外露的人，都是小智慧。真正的聪明人，都很会装傻，扮猪吃老虎才是大智慧。

他们看起来木讷好骗，实际心里门清，与人相处时愿意吃点无关痛痒的小亏，但不会吃大亏，反而会借此机会，淘汰周围那些不可深交的人。

他们也不会随便让别人看出自己是在装傻，被人看出也就意味着对方有更好的手段对付他们。他们永远摆出一副高深莫测的样子，让你看不清也猜不透。

说实话，在这个世界，没有真正愚笨的人。别人傻不是真的傻，而是他不愿去招惹是非，所以才会隐藏自己的锋芒。

人学会"装傻"远比学"聪明"更难。

北宋的"宰相词人"晏殊初入官场，就被皇帝选中做了太子伴读。

对于突如其来的恩旨，晏殊曾在心里揣测过很多次，汴京从不缺青年才俊，皇帝为何会独独选中自己？后来他才得知，皇帝听说馆阁大臣热衷于游乐饮宴，只有他晏殊闭门读书，这才破格提拔了他。

当皇帝问他，为什么不和众人一起赴宴玩乐时，晏殊却恭敬地表示，自己不是不爱游乐饮宴，只是没钱挥霍，如果有钱也一定同他们一起去。

晏殊的回答笨拙直白，既解答了皇帝的疑惑，又没有得罪那些游乐饮宴的同僚。他没有彰显自己的智慧，而是懂得藏锋装傻，大隐隐于市，这才一路开挂，官居宰相。

晏殊处世最大的智慧在于隐与匿，含蓄不露，才最有力量。正如他所说："锋者，厄之厉也。厄欲减，才莫显。"

所以在乾兴元年（1022）宋真宗病逝，朝堂分为太后派和新皇派时，晏殊选择明哲保身，始终不站队。这正是晏殊的处世之道，也是他的本事。晏殊周旋官场多年不倒，靠的就是装傻藏锋的本事。

世事沧桑，是课堂，也是考场。

愚蠢的人才会锋芒毕露，恨不得每时每刻都要彰显自己的智慧，殊不知这只是片刻的。**隐智藏锋，才是不被他人记恨，获得永恒荣光的前提。懂得装傻，才能于风浪中远离是非，从而保全自己。**

人为什么要装傻？**因为聪明，才更要装傻。**

聪明和傻，看起来是一对反义词，做起来也好像是对立的方向。可历经世事后就会发现，装傻既是难得糊涂、放过自己的活法，更是保全自身、赢得长远之利的智慧。

正如洛克菲勒所说，自作聪明的人是傻瓜，懂得装傻的人才是真聪明。

世界一直是两套逻辑同时运行，我们要做的就是"表里不一"，深藏不露。

表里不一，代表的是一阴一阳，这才是"道"。当你极力展现自己的锋芒，不懂得隐藏，在刺伤别人的时候也会暴露自己的底牌，最终反伤自身；但如果你表面装傻，不出一时风头，实际初心不改，默默修炼，就一定会不断走向强大。

如果一个人表里如一没有任何隐藏，极大概率会死在"宫斗"剧的第一集。因为人总是容易被假象迷惑，最终为真相买单。

别人在追求利益的时候，你追求表里如一、非黑即白，那么你看到的听到的都是虚假的阳面，根本不会看到隐藏其中的人心阴面，你永远醒悟不了。

正如鬼谷子有言："圣人之道，在隐与匿。"

而藏，就是一种顶级的人生智慧。 有些事，看破不说破，心里明白就好；有些人，不耗费过多心力和精神，看透就好。人生在世，谁不是一日遇佛，一日遇魔？我们只有不断地藏好自己，保持低调，慎独前行，不显山露水，才能踏实走好当下的每一步，活好余生。

"藏巧于拙，用晦而明，寓清于浊，以屈为伸。"一个人再聪明，也不能一直锋芒毕露，人性的复杂要求我们，跟各种人打交道，都要学会藏。

王志文在《天道》里有句经典台词："人要学会藏两样东西，一个是心事，另一个是本事。"

很多时候，一个人的命运就藏在他的言行中，只有学会"藏"才能获得成功。而我们要做的就是，逢人藏住心事，处世藏住本事。

心事要藏在心里，一旦说出来，就成了别人嘴里的故事。

你努力奋斗的目标，会成为别人的饭后谈资；你轻易暴露的软肋，会成为别人日后捅向你的刀子。你觉得对方真诚可靠，值得吐露心事，可世界上没有人能与你完全感同身受，更没有义务替你保守秘密。

人可以骗你，但人性不会。

我们永远都要对人性怀有敬畏之心，切勿交浅言深，永远不要高估自己在别人心里的位置。真正要做的事，任何人都不要讲，这样无论成败，都有回旋的余地。

心有所藏，言有所止，方可进退有路。

本事要藏三分，不要让人觉得你一无是处，更不要让人觉得你鹤立鸡群。

团体里可以忍受蠢笨的人，但容纳不了恃才傲物、格格不入的人。"木秀于林风必摧之，堆高于岸流必湍之"，同理，过于聪明的人锋芒毕露，攻击性太强，以至于树敌太多，招来数不清的诋毁。

要知道，有真本事的人，都是能往低处走的。所以说越是聪明的人越要装傻，装成没有攻击性的"弱者"，才能避免给自己招来灾祸。

真正的聪明人，一定懂得把自己藏好。藏住你的经济状况，才能避免被别人惦记；藏住家事，才会家庭和睦；藏住脾气，才能心平气和；藏住嘴，才能避免口舌之争；藏住心，才能保护你的计划和目标……藏住一切能藏的，你才能专心自己的事业，减少他人的干扰，获得成功。

知收敛、懂藏锋，才能于不动声色中逆风翻盘，占得上风。

所以说，懂得装傻才是最聪明的人。他们没有攻击性，不会成为别人的竞争目标；难得糊涂，可以保护自己的能量不被消耗；一直处于平静感恩的心境当中，不会因为你的嫉妒而困扰，也不会因为你的羡慕而高兴。

不轻易说破看穿了别人什么缺点，也不轻易展示自己的优越感。居于"低势"，仍能稳居高位。

只有装傻的人，才能真正做到立足当下，活在未来，永远向前。而这，才是真正的顶级智慧。

2

这个世界，弱者总在逞强，而强者都在示弱

真正强大的人，都懂得示弱。

大部分人提及"示弱"，都觉得是一种贬低自己的行为，会让欺负过自己、看不起自己的人更加嚣张，于是内心十分排斥。

但你要明白，示弱并不等于软弱。软弱是你受到欺凌压迫，却没有勇气反抗，最终选择打落牙齿往肚子里咽，息事宁人；示弱是你同样受到欺凌压迫，短时间内你无法反抗，但会以退为进，勇敢面对自己内心并找寻解决之法，淘汰对方并笑到最后。

软弱是无能，示弱却是智慧。

内心强大的人，极少计较眼前一时的狼狈，更不会被他人的看

法左右，该示弱时便示弱，就像田野里成熟的麦穗，只有低下头才会丰收。**因为示弱不是无能，而是一种柔韧的能力，是一种张弛的智慧。**

那一个人为什么要示弱？

因为在现代社会中，想要成就一番事业不是一个人能全部承担的，与其在每个环节都要逞强，自己亲力亲为，不如在保持自己长处和优势的前提下，和潜在的合作伙伴示弱，让他们协助一起完成。

逞强不是真强，示弱不是真弱。

要知道，一个人越缺乏什么，就越会刻意表现什么，所以往往弱者才会逞强。 知道自己没本事没能力，才会担心自己丢面子，稍微感受到一点冒犯就会火冒三丈，这样的人再怎么逞强最后也是一事无成。

弱者逞强，只会被人当成笑话；强者示弱，反而会赢得别人的好感。

但示弱一定是强者的武器，而不是弱者的护身符。弱者示弱，一定会让他人变本加厉，因为没有人会真正同情一个弱者。

学会放低姿态，懂得收敛锋芒，才能避免无谓的争斗，伺机而动并一击制胜。

《三国演义》中描写了 1191 个人物，或是足智多谋的奇人，或是孔武有力的将才，可谁都没料到，天下最后归于司马一家。司马懿用 41 年的蛰伏历练告诉我们，强悍的人生，从敢于示弱开始。

司马懿曾言："智者务其实，愚者争虚名。"

强者不要面子，只要里子。真正厉害的人，追求的往往是事情的本质和自己的目标，从不在意外界一时的褒贬与荣辱。

诸葛亮第五次北伐时，司马懿知道自己不是对手，便采取坚壁拒守的方法，不肯出兵。由于后勤补给困难，诸葛亮选择用激将法，给司马懿送了一套女装，借此逼迫其迅速出兵决战，可谁知司马懿不以为辱，还欣然收下并穿在身上。

就这样，两军相持于五丈原一百多天后，诸葛亮积劳而逝，司马懿最终获得了这场持久战的胜利。

小不忍者，则乱大谋；能成大事者，必有小忍。

晚年的司马懿受到朝堂的排挤，被架空军政大权，他不仅没有表现出愤懑之举，还主动示弱退让，称病在家。婢女端来稀粥，他故意边吃边抖，使得大半碗粥从嘴角流出，弄得满身都是，让曹家放下对他的监视与戒备，自此彻底安心。

然而在床上装病的司马懿，却在一年后发动政变，迅速站上权力顶峰。

弱者才需要所谓的面子，强者都是在不动声色中示弱于人，以退为进，最终实现自己的目标。

大部分人在职场或是生活中，为了眼前的利益和面子，会下意识向别人证明自己是不好惹的，以防止自己吃亏。这是保护自己的一种方式，但他们不知道，示弱其实是一种智慧、一种格局，更是一种顶级谋略。

鬼谷子曾言："欲高反下，欲取反与。"想要爬得更高，首先要低头示弱；想要获得更多，首先要学会给予。

在博弈论中，有这样一个故事。一条笔直的公路上，有两辆相向行驶速度非常快的车，如果他们谁也不让，就一定会发生撞车事故，车毁人亡，那么谁该避让？

假如一个人刚中彩票大奖，另一个人一无所有，这时谁应该来避让？假如一个人身体健康，另一个人身患癌症，谁该避让？假如一个人正值壮年，有幸福的家庭和可爱的孩子，觉得生活非常美好，另一个人已经到了暮年，对生活非常厌倦，孤身一人，谁该避让？

谁幸福，谁避让。

因为一旦意外发生，更幸福的那个人损失会更大。你不能为了和某人争一时高低，就逞匹夫之勇而让自己失去更多，所以适当示弱，才是最好的选择。

这不意味我们要放弃自己的原则和底线，而是强者主动选择的谋略和以退为进的智慧。

刘邦在晚年的时候最宠爱戚夫人，也因这份宠爱，让她产生了不切实际的幻想，竟想让自己的儿子赵王做太子。这使得她与吕后从原来的感情之争，演变为利益之争。然而她的幻想随刘邦去世而结束，吕后的儿子刘盈继位，吕后掌握了更大的权力后直接将戚夫人囚禁。

如果戚夫人能够冷静思考，示弱于吕后，低调行事，俯首称臣，或许还能保住自己和儿子的命，可她偏偏不服输，日日唱悲歌，终于把吕后激怒了。

你看，戚夫人不懂得示弱，虽暂时争了一口气，却因小失大，母子皆没有善终。她不明白，恰到好处的示弱，不是低头认输，也不是胆小怯懦，而是对自己境遇的清醒认知，反而能赢得更大的生存空间。

这个世界，强者总是在示弱，而弱者总是在逞强。

真正的强者往往保持低调，懂得隐忍。他们不急于成为被关注的焦点，时机不到便不会强出头，而是默默靠边站，用示弱给自己争取时间，积累实力，以便更好地审时度势，实现自己的利益。

在适当的时候认怂，韬光养晦，既是明智之举，也不失为对自

己的一种保全。能示弱的人，往往活得更长，走得更远。而善于示弱，更是一种极高明的智慧。

懂得放低姿态，以柔待人，方能在逆境中进退自如，攀登至人生最高处。

3

做事的最高境界：平衡

中国人做事，最讲究平衡之道。无论做什么事情，你都离不开这个法则的限定。

究竟什么是平衡？我们都听过空城计的故事，诸葛亮登城楼焚香抚琴，又命士兵大开城门，吓退了司马懿带领的曹魏大军。

真正的空城计，可不只是虚虚实实的计谋，更是在于对"象"的理解——凡是用眼睛直接看到的，往往都是假象。表面看是诸葛亮利用司马懿的多疑，达到退敌的结果，实际背后隐藏着三层做事的境界。

空城计的第一层境界，就是辨别真假，知道对方的谎言。同样,司马懿当然也看出了空城计的"假",但这仅仅是第一步。

到了第二层境界,对方也清楚我们能够识破他的谎言,双方心知肚明,却不点破。司马懿意识到诸葛亮是故布疑阵,但他也明白,诸葛亮不会轻易冒险,双方博弈也进入了心理战。

而第三层境界,我们明知对方在撒谎,对方也清楚我们已经识破谎言,但双方为了各自的某种目的,心照不宣地达成一致,选择继续表演,从而达成了一种平衡的状态。司马懿选择退兵,不是因为他的多疑和大军远途奔波的疲累,而是因为他更懂得把握进退之间的平衡。

比起这一战胜利与否,司马懿更关心自己的未来。如果诸葛亮留有后手,在城中设置埋伏只等他攻城,那么这场战役失败的可能性极大,他的政治地位也会受到影响;可如果诸葛亮只是虚张声势,他攻城后生擒诸葛亮,同样也会功高震主,引来曹魏政权内部的猜忌和清算。

司马懿很清楚,诸葛亮是他最大的对手,也是他在曹魏政权中保全自己的保护伞。

所以说,无论这场战役是输是赢,对自己没有任何好处,倒不如顺应局势,以退为进,维持住双方对弈的微妙平衡。这种平衡,不只是权谋,更是对人心、局势和未来的深刻洞察。

同是三国，反观东吴吕蒙打下荆州后杀关羽一事，直接打破东吴和蜀汉的平衡状态。关羽驻守的荆州是兵家必争之地，取荆州固然意义非凡，但吕蒙在取下荆州后杀了关羽，并斩其首级，表面看是盖世奇功，实则是铸成大错。

原本吕蒙攻打荆州，理由非常充分，因为荆州那块地是刘备找孙权借的，不至于完全破坏两家联盟。但荆州是荆州，关羽是关羽，吕蒙杀了关羽，直接激怒了刘备，导致孙刘联盟彻底决裂。

刘备听闻关羽死讯，欲举全军之力为关羽报仇。随后发动了夷陵之战，致使蜀汉元气大伤，东吴也损失不小，反倒让曹魏趁机加强了自己的实力，也让三足鼎立的状态彻底失衡。而吕蒙在杀死关羽后不久也去世了，后世猜测，吕蒙是因杀关羽一事给东吴引来大祸，所以他的死极有可能是孙权授意的。

我们说读史使人明智。明智就可以吸取教训，帮助我们在纷繁的生活中学会看清真相，以保护、保全自己。

司马懿可谓聪明绝伦，明明有机会生擒诸葛亮，但他没有动手，以退为进，既保全了自己在曹魏政权中的地位，又给曹魏留下难缠的对手，让其不敢清算自己。反观吕蒙，不懂得放过敌人也是放过自己，不仅自己的死因成谜，更让东吴与蜀汉联盟决裂，失去三足鼎立的优势。

小时候，我们总喜欢以"胜负"论英雄，认为能赢得一时便是胜利。可长大后才明白，真正的智慧往往藏在"输赢"之外，是在不显山不露水之间，掌握全局的那份平衡。

输赢之间，对于历史来说是结束，只有平衡才是"生"之道。

万事万物都包含正反两方面，任何关系的发展都处于一种动态平衡的状态中。这种平衡不是静态的平衡，而是一直生生不息。一阴一阳，才可阴阳平衡，维持人与事物的稳定有序，并稳步向前。

爱情同样也是一种等价交换的动态平衡，不平衡的爱情注定无法长久。当两个人在一起时，如果总是一方付出，另一方坐享其成，短时间内或许不会有太大问题，但时间久了，就会让付出的人产生不满的情绪，进而引发吵架、冷暴力，以致分手。这是两人的付出不平衡，而这样不平衡的关系，总有一天会被打破。

当两个人的成长速度不平衡，同样也会给爱情带来危机。你见惯了大场面，喜欢侃侃而谈，对方却经历有限，话都接不上；你喜欢看书，对方一年不看一本书；你快速成长，眼界与思维都不断开阔，对方却原地踏步，停滞不前……这样的两个人在精神与见识上的成长差距日渐加大，严重失衡，爱情也不会持续太久，因为没有人会喜欢不平等的关系。

所以说，爱情是平衡的关系，没有强弱，没有对错，只有适不适合。

你越是淡定，对方就越是着迷。你越是自在，对方就越是珍惜。你越是独立，对方就越想靠近。你越爱自己，对方就越爱你。在感情中，我们需要保持热情与理智的平衡。勇敢去爱，但也要给自己留有余地，保持自我的完整。爱情要两个人势均力敌，只有关系保持动态平衡，才能长久地维系下去。

不管是人与人的关系，或是商业的发展，经营之道都需要在平衡中发展。如果说创业是绝望中寻找希望，而守业则是展现企业动态平衡、稳步向前的过程。

创业是阳，守业就是阴，一阴一阳，保持动态平衡，方可生生不息。

世间万物，无不追求着平衡。平衡则存，失衡则亡。要知道，平衡不是平均主义，不是取悦每个人，而是有原则的取舍，很周到的集中。

不论何时何地，只有在做事上懂得平衡之术，才能在复杂的斗争环境中立于不败之地，成就自我。

懂得"平衡"的真实意义，方能成就大事。

智者务其实，
愚者争虚名。
弱者才要面子，
强者只要里子。

·博弈·

谋士以身入局，举棋胜天半子

4

顶级玩家，都在反向操作

有一部非常出名的历史电视剧叫《雍正王朝》，剧中康熙皇帝执政晚期，太子之位一直空缺，于是也就有了史上著名的"九子夺嫡"。

有"八贤王"之称的皇八子胤禩势力最大，深得人心，大臣们都联名举荐他。皇十四子胤禵有着非凡的军事才能，屡建战功，又因率直刚烈的秉性深得康熙的喜爱与信任，具备很强的竞争实力。

反观皇四子胤禛，一直勉力办差，先后解决了黄河赈灾、追缴国库欠款等问题，但因不近人情、近乎冷酷的做事风格，在办差中得罪了朝中不少大臣，所以支持者较少，相比上面两位显得势单力薄，在这次夺嫡之战中恐怕全无胜算。

四爷的谋臣邬思道看出主子的心思，讲了一个故事："有个老爷子，生了一大群儿子。慢慢地，老爷子老了，这么大的一个家当，总得交给一个儿子来管吧。可钥匙只有一把，儿子却有一大群。儿子们争得你死我活，不可开交。这时只有一个儿子，他很精明，从不去争这把钥匙，只是默默地帮老爷子干事。有一天，老爷子终于想明白了，就把那把钥匙交给了那个不争的儿子。"

邬先生说："这就叫争是不争，不争是争，夫唯不争，天下莫能与之争！"

"夫唯不争，故天下莫能与之争！"这句话出自《道德经》，意思是因为我不与任何人去争抢，所以天底下没有任何人能够与我相争。这句话，讲的是老子"不争"的智慧。

"争是不争，不争是争"，就是以退为进，后来居上。这个策略实施起来需要对事物走向有非常强的洞察力与判断力，还要对全盘时局有足够的预判。

对于我们普罗大众来说，这种策略难度极高，如果你不是很有把握，不可盲目使用，否则非常容易失败，不能只是照搬照抄地模仿。

但我们要说的不是"争"或者"不争"这个动作本身，而是这背后反映出的一个深刻道理：**想要成事，目的和手段必须相反。**

就拿搞钱来打比方，赚钱是目的，但如果我们逢人就要钱，想通过用这样简单粗暴的方式获利，肯定是行不通的。而如果我们通过拍摄高质量的视频内容，为观众提供满满的情绪价值，让观众为情绪价值和我们的内容买单，这才是赚钱的手段。

所以说，谈钱伤感情，谈感情伤钱，想让一个人出错就捧他，想让对方更好就骂他，目的和手段永远是相反的，这是事物一分为二的顶级思维。

但人们往往会因为对目标的过分关注，而忽视对手段的思考，这实际上也是人的一种思维惯性。一般人的思考方式都是从做什么开始，然后是如何做，最后才会问为什么，这样的思考方法导致我们有了当前的局限。

《从"为什么"开始》的作者西蒙·斯涅克提出的黄金圈思维（见图 3-1），一下破解了这个问题。西蒙·斯涅克认为，我们看问题的方式可以分为三个层面：

第一个层面是 what 层面：也就是事情的表象，我们具体做的每一件事。

第二个层面是 how 层面：也就是我们如何实现我们想要做的事情。

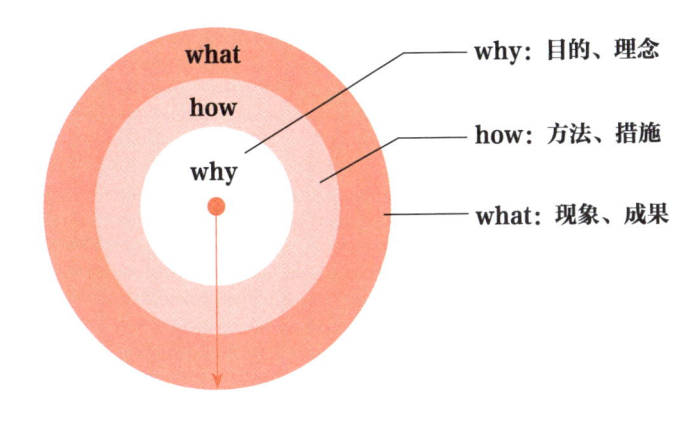

图 3-1 黄金圈思维模型

第三个层面是 why 层面：也就是我们为什么做这样的事情。

一般人的思维方式，都是由外向内地思考。而黄金圈法则恰恰相反，直指问题的核心，从为什么开始，然后是如何做，最后才是做什么。

黄金圈法则帮助我们先从问题核心入手，会让我们的思维逻辑简单、直接、透彻。掌握了这一方法，则不会再为了解决问题而解决问题，而是聚焦这个问题是如何产生的，要怎么做才能解决产生这个问题的核心原因，最后才是具体怎么做，以及如何达成目标。

反观"九子夺嫡"中，八皇子深陷于当太子这个目标，并为此拼尽全力，拉拢官员举荐自己，不断攻击其他竞争的皇子，为了避免失败不敢去接受困难的任务。但到头来，这种争夺皇位的行为，反而让他失去了最宝贵的资产——皇帝的信任，从而让他距离皇位越来越远。

相反，谋士邬思道提出的"争是不争，不争是争"，就是当你想去争权夺利，反而会距离皇位越来越远，当你不去争，而专注于如何给大清国创造价值、为国家解决问题时，才能赢得皇帝的信任，这才是最大的争，才能成为最后的赢家。

所以，人不要用情绪去做反应，要用理性去思考，进而找出头绪来。一定要记住，目的跟手段永远是相反的。想达成目的，一定要反其道而行之。

5

一段关系是否牢固，取决于价值能否闭环

人与人之间的关系是否牢固，不取决于人情，而是取决于价值。

你以为和别人关系好，其实是别人觉得你有利可图。当你没有对方所求的价值和资源时，即使花费再多心思打理人情，也不会得到应有的尊重和认可，相反会被视为理所当然，甚至在你困难的时候落井下石。

要知道，社交最终都得回归个人价值。

没了利益的捆绑，少了价值的连接，身边的一些人就如秋后的落叶，难免飘零。

电视剧《金粉世家》中，金燕西在家族繁盛的时候一呼百应，身边围绕着一帮酒肉朋友。当他最好的朋友刘宝善因为犯事被抓时，金燕西冒着让自家陷入危机的风险，花了五万元把他赎了出来。可金家败落后，金燕西找刘宝善帮忙，却被他拒之门外，而那些所谓的哥们儿更是早已不见踪影。

人与人交往，感情虽然重要，但利益才是最坚实的纽带。

没有人愿意帮助一个毫无价值的人，就算你再怎么献殷勤，在对方眼里也是无关紧要的存在。你必须好好经营自己，就算跌入谷底，也要有与人交换的筹码，因为人们更愿意帮助那些有潜力、有冲劲的人，而不是那些看起来毫无希望的人。

用人情换来的关系只是暂时的，用价值换来的关系才是长久的。没有价值上的各取所需，他们随时都有可能离开你，去寻找那些能够满足自己利益的人。这不是人性的冷漠，而是社会的真相。

因为人与人之间关系最本质的隐藏逻辑是，要有对等的价值交换。

由价值交换主导的关系之所以这么稳固，是因为价值交互形成了闭环。你向我提供什么，我能等量予以回报，一旦付出和索取出现错位，价值闭环就会断裂，由此形成的关系也会渐行渐远。

一位名人曾说："与任何人社交，最后都要回归个人价值。个人价值增长,你就会有长期陪伴的朋友;个人价值趋近于无,别说新朋友,几年后连老朋友的身影也看不到。"

没有永远的朋友,只有永远的利益。当你无法做到让人有利可图时,自然没有人愿意和你产生关系;当你拥有了可交换的价值时,无论有形还是无形的,都能自带磁场,吸引别人聚拢到你身边。

《日瓦戈医生》有段情节是这样的,日瓦戈与马尔克尔在战乱年代结识,那时马尔克尔有枪,能保护日瓦戈的安全,日瓦戈懂医术,能在马尔克尔受伤后提供救治。两人你拉我一把,我渡你一程,在战乱中互相扶持,不仅形成了彼此的价值闭环,也成了要好的朋友。

后来两人离开部队,来到远离战火的小镇,马尔克尔与妻女团聚,过上自给自足的生活,日瓦戈孤身一人又无处行医,日子逐渐穷困潦倒。无奈之下,他来找马尔克尔打水,起初马尔克尔慷慨相助,可次数多了,马尔克尔直接变脸,让他识相点,不然就把门锁了再不让他进门。

曾经患难与共的交情,因为付出和索取的长期错位,原本不以为然的问题就会不断放大,再好的关系也会瞬间土崩瓦解。

说到底,我们与任何人相处,都是互相交换价值。这种交换,

可能是有形的，如金钱、物质；也可能是无形的，如情感、陪伴。那些稳固长久的关系，要么各取所需，要么利益共享。

人必须具备三种价值：经济价值、情绪价值、精神价值，才能获得相应的回报。

经济价值占据关系的主导地位。

一个有钱人想要别人给他提供情绪价值，会有很多人排着队给他提供，但一个只会提供情绪价值的人想要得到钱，就比较困难。

所以对于每个人来说，提高自己的经济价值才是最重要的。经济价值是1，情绪价值与精神价值是0，有了经济价值，再加上情绪价值和精神价值，这才是高价值的人生。

情绪价值是一段关系的深度连接。

能否为对方提供情绪价值，很大程度上决定了这段关系的成败。

如果你在失落无助时，收获了朋友积极的情绪支持，在朋友需要时，也以同样的方式回馈对方，那么你们都会在这段关系中得到滋养。没有人希望在难过的时候，还被指责和教育。当心中的郁结在对方那里得不到正向的情绪价值，再好的关系也会越走越远。

精神价值是关系能否长久的前提。

时间决定我们遇到谁，三观决定我们留下谁，你和对方的世界观、人生观和价值观能否达成共识，才是决定关系能否长久的前提。

如果彼此的精神追求相似，人生目标和价值认知趋同，你在他那边得到启发，他在你这边获得尊重，那么相处起来自然会互相欣赏，关系越来越好。但如果两个人的三观不合或者对立，曾经无话不说的关系最终也会变得无话可说。

真正擅长经营关系的人，都懂得价值交换，交换的价值越多，关系越稳固。

长久的关系需要你来我往，让利益不断流动和循环。

很多时候，人被利己主义驱使，以自我为中心，想要别人服务于他，但这种人根本走不远。只有懂得价值交换的人，才能在个人发展或是商业经营方面，如鱼得水。

你要能创造足够大的价值，才能被他人所需要，别人对你的需要越强烈，你就越能参与到更大的社会交换中，也就意味着你的可交换价值越大，你的社交关系越稳固。总有一天，你会获得满意的回馈。

所以，不要担心自己被人利用，反而要担心自己是否有用。

成熟的人，从不在他人身上使劲，而是在自己身上下功夫。当你不断自我增值，成为潜力股时，别人自然会主动向你抛出橄榄枝。

6

成事的法则只有一条，几千年从未变过

人要想成大事，做人就要学会一半君子一半小人，既不刻板也不失德。

要知道，能成大事者，都不简单。

历史上皇家统治天下，有一套普适的方法，叫作外儒内法。

这是以儒家的仁义道德为表，内里和本质是法家的严刑峻法。

而对个人而言，成事法则也只有一个——外儒内法。

如果一个人的内在能同时兼容两种完全不同、甚至相互违背的原则，不仅能兼容，还能运用自如，那这样的人一定是个狠人。

成大事者往往不是方方面面都狠的人，而是懂得运用外儒内法的人，表面温文尔雅，内在杀伐果断。不管你找事，还是事找你，最后结果如何，这个事的影响只有1%，剩下的99%取决于你对事的解决方法和态度。

韩信年轻还未掌权的时候，被混混拦住从胯下钻过，深受奇耻大辱。他投靠项羽，希望能大展身手，但只在底层做了个杂役，毫无施展的机会。直到他在刘邦阵营掌权之后，背水一战，以少胜多，大破敌军，后又策划平定齐地、决战垓下等战役，最终彻底击败项羽，凭功封王。

所谓人狠话不多，当弱即弱，当强即强。屈居人下，该身段软时绝不端着，面对对手，攻城略地也毫不手软。这样的人才能封狼居胥，也是古往今来的成仁之道。

也许说起来很功利，但如果你要想在这个社会活得好，就要照实做。

世界万物都有两套规则，一阴一阳。

从秦汉到明清，不过都是"秦制"的重演与进化，几千年来从未变过。

阳面是儒家的人性本善，知书达理，教人温良恭俭，仁义礼智信，遵循道德与法规。这是台面上的规则，但它有个副作用，就是会扼杀人的创造力，放大人的奴性，本质上就是让你变成不敢越界的老实人，变成听话的螺丝钉。

阴面是法家的人性本恶，人人都会披上一层光鲜的道德外衣，再千方百计给自己谋取利益。这是不可说的规则，但你可以用它看清事物的真相，很多正着想不明白的事儿，反过来一想就通顺了，就理解了。所以这个世界上，始终都是两套逻辑同时运行。

不懂这个道理的人都吃了大亏，什么样的人走上社会后适应得慢？听话、懂事、没主见、有家教、没家底的小孩最慢。法家锁喉，儒家捏肋。可能人近中年还一事无成，这不是他们不够努力，而是他们有着太多的狭隘自卑。

他们既不懂社会的规则，又不懂人情世故的重要，更不懂利益交换的逻辑。于是，老实又无知的他们误打误撞已过半生。

一个家庭最沉重的枷锁，不是没钱，也不是社会地位低下，而是深陷认知贫困的牢笼还不自知；一个孩子最难越过的坎，不是成绩退步，也不是父母离婚，而是父母低认知所筑起的高墙。

所以，既要埋头苦干，又要学会抬头看天，看清自己的道路，才能真正翻身。

如何修炼外儒内法，三点教你成大事。

第一，打破认知局限。儒法并不对立，儒家有道理，让你成为一个好人；法家有用处，让你用来对付坏人。**儒法合一，才能**

成事。

第二，敢于打破规则。穷人和底层的人都是禁锢在规则中的人，即使获悉了财富的秘密，也不敢放手去做，而强者都在打破规则、创造规则。

第三，要有防人之心。给别人展示自己真实、善良的一面，不去算计别人，但要把人性里坏的一面考虑到位，防患于未然，维护自己的安全和利益。

外儒内法，讲究阴阳调和，可以菩萨心肠包容一切，也可用雷霆手段处理烂人烂事，这才是成大事的法则。

一阴一阳谓之道。阴阳之道，就是处世之道，阴阳平衡，方能太平一生。

要知道，人生的每个阶段都充满挑战，刚柔并济的人，才能笑到最后。

你要稳住心态，静下心来自我审视和思考，专注于内心真正想要的东西，在沉默中蓄积能量。只要坚定不移地向前走，终有一天马到功成。

不要害怕被人利用，
要想自己有没有用。
没有永远的朋友，
只有永恒的利益。

·博弈·

谋士以身入局，举棋胜天半子

7

顶级控局者：
雷霆雨露，皆是天恩

一个人想要把队伍带好，就一定要掌控好局面。

控局者想要驾驭人性，掌控局面，无非是两个字：恩与威。

施恩是笼络人心，立威是杀鸡儆猴。

恩与威就是甜枣和巴掌的关系，控局者要做的就是打一巴掌再给个甜枣。甜枣是用利益满足，该谈利益的时候就别讲道理，要给到实际的好处，而不是只画饼；巴掌是用规矩约束，原则面前绝不手软，让队伍里的人怕你，不得不去做自己分内之事。

说到底，恩威并施，才是有效管理的艺术。但也要注意一点，恩不能随意乱施，威不能太过苛刻。

善用恩者不妄施，善用威者不轻怒。近则不敬，远则生怨。

甜枣不能给得太多，正所谓"升米恩，斗米仇"。如果随意施恩，人们非但不会感恩，反而会蹬鼻子上脸，不把你放在眼里；巴掌也不能乱打，下属虽然怕你，但次数多、时间长，肯定会记恨你，选择与你对着干。无论恩与威，都要把握好尺度。

三国英雄，笼络部下，靠的便是恩与威。

曹操能成为一代枭雄，同样离不开这点。他初入官场，在洛阳负责地方治安，做了五色大棒悬挂衙门两侧，无论是谁，只要违反他颁布的禁令，都将受到五色棒的惩罚，这是善于用威。张绣杀死了曹操的儿子曹昂、侄子曹安民以及最喜爱的武将典韦，但曹操与袁绍大战前，却接受了张绣的投降，并委以重任，封他为扬武将军，还与张绣结为儿女亲家，这是善于施恩。

曹操在用人和治军方面都采取了恩威并施的策略，这也是他能在东汉末年的乱世中崛起的重要原因。

中国文化讲究软硬兼施，说的便是恩与威，两者缺一不可，如果有威无恩，或是有恩无威，都难以带好队伍，更掌控不好局面，早晚会被有野心的手下取而代之。

吕布就是很典型的有威无恩。他以勇猛和武艺高强闻名，但在领导和管理方面却略显不足。吕布手下的大将侯成，因为追回丢失的马匹而心情愉悦，就自酿了一些酒，但他不敢擅自饮用，于是先送了几瓶给吕布，表现出对上级的尊重和恭敬。

然而吕布却以侯成违背禁酒令为名，要斩杀侯成。一众大将求情，侯成仍被打得半死。这些将军意识到，在吕布的麾下，无论立下多大的功劳，都可能因一时疏忽或不合其心意而遭受惩罚，跟着吕布只有一死，索性偷了吕布的赤兔马投降曹操。

刘璋则是有恩无威的代表。面对刘备的进攻，他一让再让，反而助长了刘备的野心，最终失去益州。在刘备图穷匕见时，刘璋的手下建议迁徙人口、烧掉粮食，待刘备后勤保障出现问题后再做打算，这本是一条好计策，但刘璋不愿意扰民，便没有采纳，这种犹豫和软弱也导致了他的失败。

刘璋手下的能人不少，法正、张松有谋略，严颜、孟达是不错的武将，但都投降了刘备。这不是因为刘璋对他们无恩，而是担心刘璋太懦弱，跟随这样的领导没有前途。一个领导没有威信，自然难以服众。

所以说，一个人想要完全掌控局面，就要懂得恩威并施。而顶级的控局者，身上都有这三种能力。

第一，深谙分利之道。

曾国藩说过："利可共而不可独，谋可寡而不可众，独利则败，

众谋则泄。"

一个队伍里最忌讳的就是吃独食，在利益固定的情况下，你划分给自己的利益多，自然会有人少分，讨不到好处的人可以忍一两次，但时间长了一定会与你产生矛盾，成为你的敌人。

所以说，分利是一门学问。

这里要注意是分利，不是给利。所谓"分利"，是讨价还价、利害权衡之后形成的利益格局。也就是说，经历过实力与心智的全面博弈，让队伍里大多数人都认可的方案，最终形成了这种稳定的利益格局。

而给利是单向性的，是其中一方为了自我满足或者出于高度自我感觉良好的人格基础才有的不明智做法。

之所以说给利是不明智的，是因为这个行为不符合人性，没有付出就能得到利益，他人不仅不会感激你，还会不珍惜白来的东西，更会引起嫉恨。给多了觉得你在炫耀，给少了觉得你瞧不起他，如果你和他的关系不是私人关系范畴的，那么这种做法无疑是养虎为患，会让你逐渐丧失威信。

因此，懂得分利之道，一定要懂得人性。你怎么分配这个利，就决定了获利者对你的态度。取得最高权力的皇帝，往往就是懂得分利才能坐稳龙椅的。

《水浒传》中的宋江虽然考虑到了各方势力的均衡，但最终决策权仍然掌握在自己手里，其他人空有头衔但没实权，只能被动接受，由此限制了他们的抱负和能力，自然无法壮大梁山的势力，以致朝廷一招安就选择了归顺。所以说，懂得分利之道，才能发展壮大，获得最终的成功。

第二，必懂惩戒之术。

惩戒，其实是唤起人性恐惧和敬畏的手段和方式，约束局中人坐在该坐的位子上，做该做的事。因此，惩戒之术是基于有效的分利格局，夯实各方的权限范畴所施行的。一旦超出这个范畴，就会有相应的惩戒方式。

想要带领好一支队伍，需要懂得管理之道，而惩戒方式，其实就是在管理中唤醒人性恐惧，使其敬畏法律、规章和规则。如果一开始制定的规章有误，那么在此之上行使的惩戒，不仅无法纠正队伍里的错误，反而会让他们钻了空子，变得更加肆无忌惮。

明朝从朱元璋开始，就把贪腐惩戒做到了恐怖的程度，然而明朝的贪腐还是层出不穷。实际上，封建时代的贪腐根源在制度上，是制度性缺陷。也就是说，"分利"模式不对，那么，在此之上的一切就都是错的。也可以说，这是制度性失灵的一种典型表现。

因此，有效的惩戒体系，一定是基于有效的分利模式之上的。而真正的控局者，一定要深知其中利害，从而制定符合队伍、符合分利模式的惩戒方式，如此才能立于不败之地。

第三，了然规训之法。

规，是规劝、规矩，是让人清楚自己的位置；训，乃是训练、训斥，以教导的方式让人明白哪个是对，哪个是错。

规训和惩戒紧密相随，惩戒是具体的惩罚手段，让人心生恐惧，不敢造次；规训则是一种精神和思想的养成手段。

在李逵误杀殷天锡的事件中，宋江虽然对其行为表示不满，但并没有直接处死他，而是选择出面善后。在三打祝家庄后，李逵滥杀无辜，杀死了扈三娘的家人。宋江为了平息事端，又花费大量精力去安抚扈三娘和其他受害者家属。尽管李逵多次闯祸，但宋江还是选择纵容和庇护他，让李逵不知是非对错，没有做到应有的规训，以致一些好汉质疑宋江的领导能力和决策水平，内部矛盾激化。

真正的控局者都懂得规训之法，通过塑造群体的某种一致性来达成某种秩序的可控性，以此确保团队的高效运作，维护组织的秩序，提升团队凝聚力。

因此，规训实际上是一种精神和思想的养成手段。于是，慢慢就形成了一些通行的准则、标准，一些共识，一些道德评判的依据，一些约定俗成的东西。

而规训之法离不开奖惩机制，恩与威正是其中的一环。施恩与惩罚并施，一手硬的，一手软的，两者相辅相成，才能真正做到掌控局面，达到更好的管理效果。

真正的控局高手，往往并非天赋异禀，只是善于恩威并施，顾全前后左右而已。

恩威并用，方能御人。也只有这样的人，才能真正置身局外，一眼洞穿棋盘里的棋子。

8

金钱世界的
永恒游戏规则——坐庄

这个世界赚钱的游戏规则从来只有一种——坐庄。

有没有发现,商业越发达,模式越固化,钱就越难赚,因为所有普通人能接触到的赚钱机会都是有限的。

那些从底层杀出来的人,究竟做对了什么,才能够获得运气的眷顾?

其实,凡是能实现财务自由的人,都有一个特点,那就是拥有坐庄思维。

我们首先要分清一个概念,做庄和坐庄是有差别的。**做庄是一种动态调整的博弈思维,而坐庄是静态的优势地位。**

前者是底层翻身，后者是优越家庭的继承。

身居高位的人都遵循一个原则，那就是只有坐庄才能让你掌握主动权，在别人制定的游戏规则里，你生存的概率微乎其微，更别说发展自我。

一个人之所以赚不到认知以外的钱，是因为认知以外都是别人的局、别人的庄。说到底，认知高低的背后是你吃了多少亏，做了多少事，走了多少路，见了多少人。

很多人不知道的是，实现财富自由最快的方式不是价值创造，而是价值的传递和转移，而坐庄就是商业世界中通过传递和转移价值，从而实现财富积累的方式。

坐庄思维是一种可以将人生的生存哲学和发展哲学统一起来的制胜之道。通过坐庄，你才能在各种博弈当中获得优势地位，从而降低和转嫁自己的风险，获得最大的投入产出比。

顶级庄家向来是顺势而为，顺的就是人性的需要，人们需要一个逻辑支撑自己自信满满的长持，庄家就会给到他们，从不和人玩心机，更不会和你争抢筹码，他们只会成人之美。但是，就是这样一个顺着你的过程，却让财富在无形之中流进了他们的口袋。

善行者无辙迹，善数者无筹策，无争而利他，只要你的内在充满欲望，你便逃不过这类庄家的手掌心。

大部分人创业，惯用的方式就是靠渠道，开店提供服务，做些小生意，实际上靠渠道赚钱是失败率非常高的一种方式。可以仔细想想，家里周边的门店，比如咖啡厅、茶馆、眼镜店是不是更换频率非常高？可能你在一个小区住几年，这边的餐厅换了三拨老板，那边的饰品店换了两拨老板，一茬又一茬。

靠渠道赚钱的很多从业者已经向我们证实这个方式不保险，但人们还是趋之若鹜地去干这件事，其实是很多人的思维方式出现了问题。

因为你没有坐庄思维，只有打牌思维。

有句话叫："久赌无胜家。"打牌这种思维方式，注定不会让你稳赢。

你过去所做的决策，都是在思考如何赢下手里的这把牌，你可能会赢一把两把，但只要一直坐在桌前，你就一定会输。如果不改变自己的思维方式，不从打牌思维转换到坐庄思维，你早晚会输，这就是最直接的道理。

你走进了赚钱的局，看到一桌牌能赢钱，就想加入进去。你过去做的事情都是你坐在牌桌前，关注的东西都是如何把牌玩好，靠玩牌赢钱。但你从来没想过自己坐庄，成为操纵这桌牌的庄家。

要知道，坐打牌人的庄，不管谁输谁赢，最后赢家都是自己。

打牌思维和坐庄思维两者的区别与炒股类似。打牌思维是买股票，有的人用一生精力去买股票，或许能赚到一些，但最后大部分下场是一败涂地。坐庄思维是发行股票，他们不会将思维方式局限于股票表面的事情，而是制定规则让别人去玩。

所以说，只有跳出思维陷阱，走出认知的误区，你才能赚到钱。

坐庄就是博弈，在一段博弈关系中，谁最后有求于人，谁在博弈当中就处于不利的地位，这就是规则内的漏洞。

你利用这个漏洞，就能赚到别人的钱；你被人利用，那就只能乖乖交钱。

创业是有风险的，但想在别人的庄里逆风翻盘，也不是没有办法。你一开始做不了大庄，可以先做个小庄；做不了小庄，那就跟别人的庄。**换句话说，如果你目前的实力还挖不了金山银山，那就先卖铲子。**

比如说，明星的演唱会能赚钱，但你做不了台上的明星，也做不了他的经纪人，大庄家的钱肯定赚不到，但你能卖些荧光棒和应援周边。这就是沾了明星的光，跟了明星的庄。

人这一辈子机会很多，只要你拥有坐庄思维，明白金钱世界的永恒游戏规则，早晚能够翻身。但大部分人就是因为梭哈了几次，输光了筹码，导致后面很难翻身。而那些喜欢极限操作，以为自己每次都能逃出生天创造奇迹的人，这是对大数据法则和客观规律的不敬畏，这种人更会一败涂地。

创业从某种意义上来讲，就是一门在有限资源内寻找最优解的运筹学。

不是我坐庄、跟庄的事，我不干，因为成功概率太低，一旦失败就会付出巨大的沉没成本和机会成本。

《孙子兵法》中提到："昔之善战者，先为不可胜，以待敌之可胜。"这句话不是教你以少胜多、以弱胜强，而是教你不战、不败、不莽，少干或者不干低胜率的事情。

人生的成长就在于，先做人，后做事，再做局。坐庄的人永远立于不败之地，这才是赚钱的真相。

会坐庄，却又不在庄中的人，才是真正的高手。

昔之善战者,
先为不可胜,
以待敌之可胜。

· 博弈 ·

谋士以身入局,举棋胜天半子

翻

第四章

(CHAPTER 4)

真正的高手，
都是狠人

知是行之始,
行是知之成。

出自
《传习录》

·翻身·
向曾国藩学习翻身之道

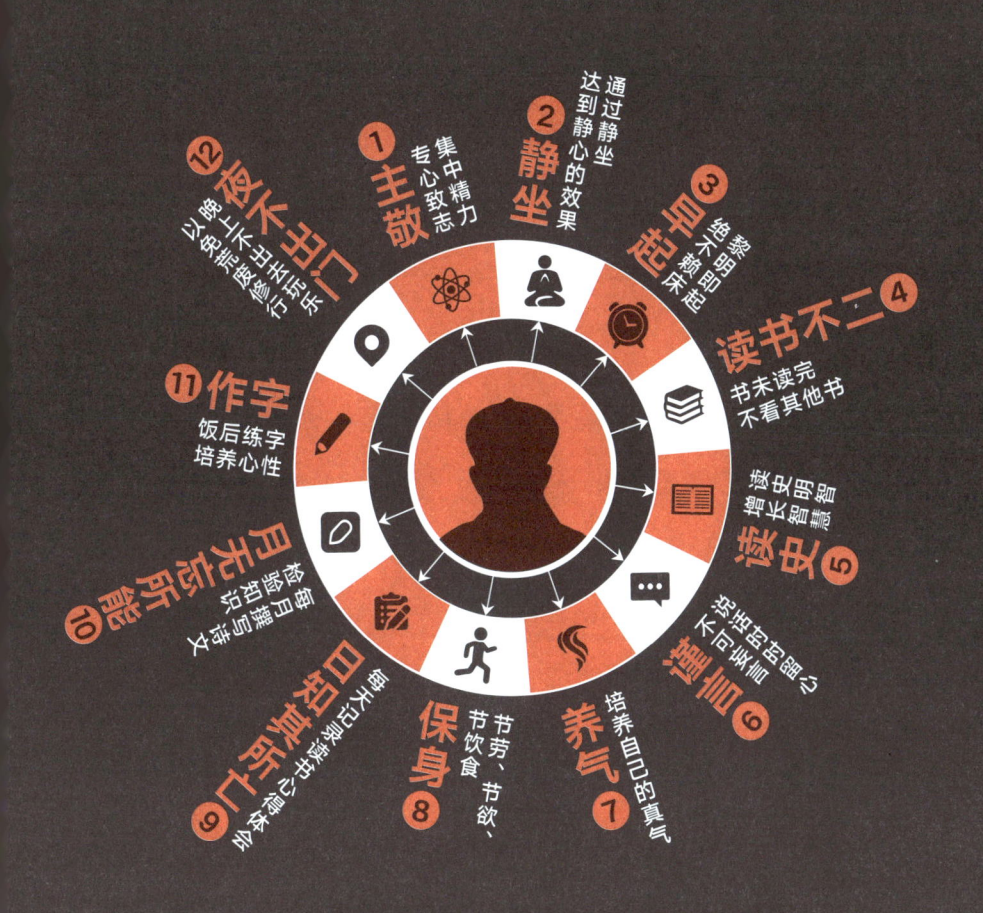

① 主敬 —— 集中精力 专心致志

② 静坐 —— 通过静坐达到静心的效果

③ 早起 —— 黎明即起 绝不赖床

④ 读书不二 —— 书未读完 不看其他书

⑤ 读史 —— 增长智慧 读史明智

⑥ 谨言 —— 不同场合留心说话妄言

⑦ 养气 —— 培养自己的真气

⑧ 保身 —— 节劳、节饮食、节欲

⑨ 日知其所亡 —— 每天记录读书心得体会

⑩ 月无忘所能 —— 检验每月所学知识与诗文

⑪ 作字 —— 饭后练字 培养心性

⑫ 夜不出门 —— 晚上不出去应酬 以免耗费精力

以敬修身，以静养心，以谨守言，
以勤进学，以恒持志，以省成器。

1

那些"杀"出来的人，都是狠角色

人变强的秘诀，亘古不变，就是一个字——狠。

你不对自己狠，生活就会对你狠。

"狠"不是穷凶极恶、气势压人，这种只是低级的斗狠，只能赢一时。**真正的狠是一种强者思维，是为人处世的一种态度**。果断、专注、坚持以及越过越好的决心和行动，都是违反"人性"的狠。

在强者的世界里，只有无情的规律，从没有柔弱的情绪。他们总能说着让你如沐春风的话，却做着让你不寒而栗的事。你看，不管是刘邦、朱元璋，还是曹操、司马懿，古往今来能白手起家到达人生巅峰的人，都是如此。

财富，不会平白无故垂青一个没本事，却又急吼吼的人。只要你能吃得下苦，吞得下委屈，人生就没有迈不过去的坎。

回忆一下，但凡能让你喜欢或者是敬畏的人，一定是他的段位足够影响你未来的发展。因为你有所求，而他能给。这一予一求之间究竟存在着什么样的鸿沟呢？

我年轻的时候也和你一样，隔着屏幕满世界找答案，现在我终于找到了变强的秘密。

那就是变狠。先狠起来，自然就会变强。

怎样才能成为狠人？我总结了三点，从现在开始，进入强者的世界。

成为狠人的第一步：摆脱负面情绪，拒绝内耗。

这个世界上，很多人都是被情绪控制的巨婴，脾气火暴、一点就炸，做事敷衍，得过且过。一辈子为了别人的评价谨小慎微、苦苦支撑，不知道为什么而活着。

事实上，人生除了生死，其他都是小事。有些人执念太重，太把自己当回事，骨子里透露着自以为是的傲慢和愚蠢。而强者总能先放下自己的情绪和欲望，聆听周围的声音和别人的诉求，像一面镜子，在与别人对话时折射出对方的欲望，从而窥视它、拿捏它。

所以当你遇到困难的时候，首先要做的就是闭嘴，别主动暴露自己的弱点。

强者与普通人最大的区别，就是顺人性做人，逆人性做事。

对普通人来说，很难拥有持久的幸福和快乐，因为这两样东西都很难持续。而你要想拥抱财富和幸福，就必须反人性，摆脱负面情绪，甚至没有任何情绪。

要知道，真正拖垮一个人的，往往是情绪上的重压。

强者的世界里几乎没有值得他们产生情绪的东西。他们在众人面前表现出来的潇洒的美好生活，都是维护圈层利益的道具，以达到钱生钱的结果，而收获别人对自己的崇拜和羡慕，不过是利益之下的附赠品。

所有困惑也好，质疑也罢，想得越多越痛苦。**想成为狠人，就要努力地打磨自己，拒绝内耗，把羡慕嫉妒留给别人，这也是你成为强者的福利。**

当你摒弃杂念，抛开烦忧，做得越多越坦然。

成为狠人的第二步：成为专家，狠狠打磨自己。

天赋是通往成功的钥匙，但如果你不刻意打磨，只会浪费掉自己的天赋。 最后的结局就成了"伤仲永"，后悔自己当时为什么不努力。

狠人从不后悔，因为他们对自己更狠，让自己成为高强度的学习机器，近乎疯狂地刻意练习，全力以赴地工作，经受苦难和挫折也不放弃，狠狠打磨自己，直到成为一个领域的专家。

说到底，人生如掘井，一尺尺挖下去，就会有活水溢出。任何领域，只要你愿意花时间打磨自己、雕琢自己，自身的价值就会水涨船高。

为什么狠人明知人生结局是死亡，却依旧努力发光发热？

这背后其实是一种信仰，而这种信仰大部分都是在一个人的情绪坟场上重建的，也就是当你对别人或是对外界死心、绝望的时候产生的。当你意识到这个世界再也没有一个人能够拯救自己，你的生活只能靠自己的智慧、勇气、才华自救时，你才能成为一个"成年人"。苦难和挫折，就是你的成人礼。

未经他人苦，莫劝他人善。每一个狠人的诞生，都是自我对这个世界认知的重塑。如果把你丢到国外，身上没有一分钱，又语言不通，你是会找不到工作饿死，还是学会一口流利的外语，让所有问题迎刃而解呢？绝大多数人都是后者。

要知道，人的潜力都是逼出来的，过几个月你就会发现，你的外语比国内高材生说得还溜。**因为你不狠狠逼自己一把，根本不知道自己有多优秀。**

苦难是人生最好的大学。我们经历了生活、工作、感情严重的创伤，才会脱胎换骨，全力以赴地打磨自己，成为行业的专家。

真正能拿到结果的人，都对自己足够狠。

成为狠人的第三步：对烂人、烂事足够狠，坚决割席。

你关注谁，你就会成为谁。如果天天被鸡毛蒜皮的小事纠缠，和烂人小人做思想斗争，你也会成为他们的一部分，所以处理烂人烂事的方法就三个字——斩立决！

你站在 1 楼，有人骂你，你听到了很生气。你站在 10 楼，有人骂你，你还以为别人在和你打招呼。而当你站在 100 楼，有人骂你，你根本看不见，也听不见。

你一定要不惜一切代价从底层爬上来，除此之外的一切事情都与你无关。

任何事都有成本，与烂人烂事纠缠，消耗的是你的心力，浪费的是你的时间。不想被烂人烂事打乱生活节奏，最明智的做法就是彻底摆脱底层纠缠，远离折磨你的环境。多靠近能量比你高或者和你同频的人，与狠人为伍，与狼群为伍！

人生苦短，我们需要把精力和时间用在对的地方。变狠会让你的生活和人生轨迹与其他人迅速拉开距离。

杀最多的棋子不厉害，围最多的地盘才是真厉害。

人生的本质，就是战胜自身的弱点，跨过一道道关卡，让自己变强的过程。强者都是跟人性死磕的高手，他们将把命运牢牢掌握在自己手上。

清醒地做反人性的事，不受负面情绪影响，对人狠，对事狠，对自己更狠，这才是真正的"狠人"。

2

机会不是留给有准备的人，而是留给有胆量的人

机会是给有准备的人，这句话我非常不认同。

要知道，能抓住机会的不是你的准备，也不是你的能力，而是你的胆量。

俗话说撑死胆大的，饿死胆小的。原因就在于人们既然把能够改变当下、改变命运的东西叫机会，说明机会是偶然的，是突发的，根本就不会给你准备的时间。

但往往有胆量的人能获取这个世界上最多的机会，两个能力差不多的人，只要其中一个胆量足够大，机会就像下雨一样"唰唰"往他脑袋上掉。

有的人一碰到机会，心里就会想"我还没准备好"，实际上，就算这种人时时刻刻都有准备，也没有胆子干。

他不敢尝试，更不敢承担这个机会带来的后果，这种准备不存在任何意义。

所以说，机会是留给有胆量的人的，而不是给有准备的人的。毕竟，裹足不前走不了远路，只有敢于迈出第一步的人，才有资格谈未来。

其实，很多时候细想"机会是给有准备的人"这句话本身就是谬论。但凡在这个社会上白手起家，混出点名堂的人都知道这句话的荒谬性，因为他们非常清楚想得到破局的机会，就要懂得麻烦别人，去争去抢。谁也不能保证一件事100%成功，况且那些可以100%做成的事凭什么留给你来做。

我们普通人从出生起就被父母灌输的思想是：不要麻烦别人，有问题自己解决，别人需要帮助就主动帮忙，不求回报。他们只懂得处理表层的人际关系，却不会处理真正的人情世故。

但实际上，破圈的真相就在于主动欠人情，主动还人情。人情都是人与人相互麻烦出来的。只有适度亏欠别人，你才能建立更深层次的联系。

在我们没有本事，处于弱势的时候，遇到认知比自己高的强者时，总会下意识自卑，不敢开口要求对方帮忙，这是人之常情。但我们要意识到这一缺陷并努力尝试逆转，比如不管结局如何，都要主动去争取那些不属于你的机会。

强者的优先选择永远是强者，而不是弱者。不去争取的人，往往活得最平庸。

希望用"等""靠""要"的方式获得机会，本质上还是一种弱者思维。别人手头的饼多时，可以分给你一些，但饼少了，你只能被动等待，说到底还是在通过取悦别人来获取机会。所以，与其被动等待远不如主动出击，你要学会为自己争取，更要学会通过给老板"画大饼"来赢得机会。

你要搏的就是出其不意，因为相比失败，我们更需要一个在大佬面前证明自己的机会，没有机会你连成功的资格都没有。

永远知道自己要什么，并愿意为之全力以赴的人，才是真正的强者。也只有这样的人，能够扫清前行路上的一切阻碍，坚定不移地迈向成功。

你看，大佬在出台重大计划前，往往都会有一个心仪的人选去执行。比如秦昭襄王希望白起挂帅征赵，白起不同意才派了王陵；秦始皇想让王翦去灭楚国，王翦也不同意才派了李信。虽然王陵、李信都是第二人选，但都获得了在历史上露脸的机会，就算失败了也不会被秋后算账，有适合的任务照样委以重任。

因为他们本身就是替代品，输了也不需要负太多责任，而我们要争取的就是这个露脸的机会，也就是成为第二人选。

再说就算你失败了，也不会损失什么，因为我们本身就是光脚的，只要让大佬记住你，这就是最大的成功。从大佬那儿争来了机会，主动欠下人情，成功后咱们知恩图报，失败了也无所谓，想成事必须脸皮厚，争取下一次将功补过的机会。

只要你敢，一年下来拜访100个大佬，即便你失败了99次，你也不会失去什么，但只要你成功一次，之前的付出就会一次性全部还掉。就算100次都失败了也无所谓，求婚都有101次，怕什么？

敢比会重要。老话说得好：一等二靠三落空，一想二干三成功。只有躬身入局，才有获胜的可能。

很多时候，不是你做不到，只是你不敢去做，害怕承担做不好的结果。其实只要调整心态，敢于迈出第一步，成事的可能反而更大。就像游泳一样，如果你怕水，不敢下水，那就永远不会有学会的可能性。

人和人最大的差距不在出身，也不在地位，而是看他成事的渴望有多强。

没有胆量永远都不可能成功，舞台再大，你不敢上台，最终也只是个观众。平台再好，你没有胆量参与，也不可能赚到钱。机会再大，你不敢去闯，永远也发挥不了你的优势。

当困难来临，勇于挑战，不逃避，才是迈向成功的第一步。你会发现，原来天塌了一样的困难，在开始行动的这一秒就会瞬间瓦解。

命运会垂青的永远是那些有野心、够主动的人。该出手时就出手，该争取时不后退，我们才能大展拳脚。

所以机会不是留给有准备的人，而是留给有胆量的人。有胆量，才能前途无量。

3

"装"是一个人翻身最快的捷径

"装"是成大事者最重要的功夫,因为装真的能"装"出钱来。

许多人认为大佬都很低调,从不装腔作势,做人做事也不动声色。其实他们忽略了一点,就是这些大佬已经是各行各业的领军人物,手里有大把的资源,就算装也不用他们亲自下场,所以他们会选择低调,既可以让员工发挥自身才能,卖力给自己创收,又减少了得罪人的风险,保证自己和公司的安全。

之所以会有这样的想法,是因为没有理解"装"的本质和含义。

"装"的本质是前置并扩大化地显现你自己的实力,让人们觉

得你能创造价值，从而为自己获得一些现在未能触及的资源。从某种含义上说，装其实是为了销售，不管是销售自己，还是销售公司的产品，最终都是为了达到商业目的。

如果只是为一己私欲而装，故意在朋友、亲戚面前显摆自己的能力，这种装没有任何价值，反而会显出你的认知极低，让那些原本看好你的人避而远之，自己也得不偿失。但如果你想让朋友投资，或者购买你的产品，就要"装得"更有实力些，不管是谈吐还是形象，让他觉得投资你是有回报的，方能达到你的目的。

某个互联网大佬在没成功前做过推销员，穿西服打领带到处推销他的黄页，说自己可以创办"中国最大的信息库"，他成功后出现在大众面前的衣着反倒随性起来。对于普通人来说，没有成功时一定要让形象永远走在能力前面。和别人谈生意，要让他们一看便觉得你是个成功的商人，说话、待人接物得体一些，相信你也能获得自己想要的东西。

人性都是趋利避害的，你有价值大家才愿意靠近你。

所以，人一定要学会"装"，你越会"装"，别人就越尊重你。

装还能获得更多的资源，让你拥有跨越圈层的机会，获得贵人的青睐。装才能让自己有勇气向前一步。**人越是穷，就越要包装自**

己，**不是成功后才去装，而是装了才能成功。**

要想成功，必须学会这三种"装"法。

第一种是形象的包装，佛靠金装，人靠衣装。

第一印象极其重要，在跟所有大客户见面的时候，**合作能否达成 80% 取决于对你的印象，而你的形象，就是你在别人心中的印象**。所以你的形象一定是靠谱的、有格调的，并且是有细节精致度的，要让对方觉得你跟他是同一圈子的人，这样你才有机会跟他聊合作的细节。

正所谓，先敬罗衣后敬人，先敬皮囊再敬魂。一个人的形象，就是他叩向机遇的敲门砖。想要成功，就要先模仿成功者的模样。当你的外表体面了，你的实力才有展露的余地。

第二种是语言的包装，出色的表达能力更容易让对方信服。

一个 10 分的想法需要有个 10 分的口才去讲述，才能达到 12 分的展现效果，让对方觉得创意可落实，你也是能干大事的人。但如果 10 分的想法配一个 5 分的口才讲述，展现效果很可能只有 3 分，反而会错失机会。

一个人怎么说话，说什么话，最能体现一个人的认知和修养。

想要成功，一定要刻意训练自己的表达能力，让自己的语言能够直击本质，表达上积极有力度。你才会在人际交往中，受到更多人的青睐。

第三种是认知的包装，这点最为重要。

人无法赚到认知以外的钱，当你想赚大钱的时候，需要先链接能赚大钱的圈子，去观察、去融入、去模仿，让富人清楚你对他们的价值是什么。你知道了富人在思考什么，痛点是什么，也就发现了赚钱的机会。赚有钱人的钱，才是真正地躺着赚钱。

突破认知局限的过程，就是跨越不同圈层的过程。只有保持对不同圈层的认知，对世界的了解才会更全面，也更容易看清一件事的本质，从而为自己创造最大的价值。

这三种装法主要从外部改变，通过改变形象，锻炼口才，融入富人的圈子提高认知，你明白有钱人需要什么，才能去解决他们的问题。这就是靠"装"得来的赚钱机会。

而"装"的内在依据，其实是高配得感的人，通过吸引力法则，获得自己想要的成功。配得感才是产生吸引力法则的源泉。

如果你是个特别不自信的人，可以模仿身边自信又厉害的人，把自己塑造成自信的人，"装"的时间久了，就能变成真的。

遇到难事时，可以去想那些厉害的人会怎么处理，在他们眼里，困难只是恐惧的幻影，跳出情绪去解决问题才是一切的答案，因此你也要装作毫不在意，鼓起勇气大胆去做，你会发现困难在你大胆行动的时候，已经开始瓦解了。

当你给自己树立了一个强大的光环人设，"装"自信、"装"勇敢、"装"雷厉风行……，配得感也会随之增长，量变引起质变，久而久之，你就会发现你正在向那些事业有成的大佬靠近。而你要做的就是提高自己的配得感，相信吸引力法则，只要你愿意，没有什么是你做不到的。

这个世界上比有本事更重要的是让别人觉得你有本事。

你要做的就是一边把自己销售出去，多接触有钱人的圈子，一边武装自己，在形象、语言、认知上提升自己，提高自己的配得感。

先装成功，直到真的成功为止。相信"装"的力量，并不是让你学会虚伪，而是让你相信行动的力量、语言的力量，相信相信的力量。

要相信，你不是弱，只是未来强大的你，在时间上落后于现在弱小的你，但越装你就会发现未来强大的你离自己越近，装着装着你就成功了。

舞台再大,
你不敢上台,
最终也只是观众。
有胆量,
才能前途无量。

· 翻身 ·

真正的高手,都是狠人

4

人与人最大的差距：学习力

普通人想逆天改命，别无他法，只有一条路——学习。

人与人最大的差距，不在于学习成绩，而在于学习力。

这里的学习力，不是指在学校学习、应试教育的能力。学习力指的是一个人获取、处理和应用知识的能力，也就是说你光接触知识是没用的，必须把知识运用到实践中去。

人们常说，时代抛弃你时，连声招呼都不打。其实仔细想来，被时代抛弃的，永远是失去学习力的人。

要知道，无论是哪个领域，获取、处理和应用知识的底层逻辑是不变的。只会掉书袋的人，是把知识学"死"的人，高学历不代表高学习力。为什么很多人读了研究生依然找不到工作？因为这个年代学历正在贬值，而学习力永远在升值。

人人都害怕面对不确定的时代，但真正聪明的人，都懂得把学习力变现成面对不确定的底气。

贝佐斯本科学的是物理，后来他发现自己不如别人聪明，在这个领域成不了大才，就立即转读计算机。毕业之后他又去做了金融，后面他想去卖书，但嗅到了互联网蓬勃发展的气息，于是创立了亚马逊最终成为电商巨头。他之所以能不断转换赛道，成为高手，都源于他有极强的学习力。

学习力，决定了一个人成就的高度和人生的开阔度。

在当今社会，如果你想成更大的事、赚更多的钱，突破重围的办法只有学习。在这个年代学习力就等于赚钱力，你越会学习、学得越好，你的财富积累必然会越多。

为什么打工人永远挣得都没有老板多？因为你如果只打工，那就只学会了一门技术，就是你的本职工作。比如做会计的只需精通财务就行，不需要社交，也不需要创造；**单一工种的职业属性就很简单，那么市场只会给你一个定价。**

过去，我们靠勤奋，或某个阶段的经验积累，就可以上一个台阶；但现在，工作每上一个台阶，每面临一个新挑战，方法论必须

更新，学习力也必须更新。

如果你不安于现状，想挣大钱、成大事，那就必须走出舒适圈，把精力投入在学习上。

创业当老板、当企业家和打工人所需要的知识完全不同。财务知识、情商、财商、产品知识、风险意识，每一样都要学习。

现在很多人看直播赚钱，就去做直播。但如果想通过这个渠道挣钱，你需要极强的口才、审美，还要学会营销能力，也要懂技术，最重要的是还要懂人心、懂人性，才能明白观众想看什么，怎么变现。

挣钱是目的，不是过程。学习是过程，不是目的。只有过程做对了，才有可能拿到对的结果，达成我们的目标。

如果你只强调结果，只想挣钱，却忽略了过程的正确性、严谨性和持续性，那么即使挣到钱也只是一时的，甚至很多人会走捷径挣快钱。可你能这么干吗？

所以说，挣钱是目的，但要以学习为路径和过程去实现。

主动学习是拿到结果的最好途径。如果你对学习没兴趣，那你从本质上就挣不到钱。只有你对学习感兴趣，那么钱就会慢慢来。

所有事情都是厚积薄发，不要把挣钱的事情想得过于理想化。在不会挣钱的人眼里，学习和赚钱是割裂的，他们认为学习是让自己显得更高尚、更有水平的过程，甚至会羞于谈钱。

正确的做法是：一旦发现自己的学习并没有让赚钱能力提升，就要马上停下来反思自己的策略是不是出了问题。

学习力 = 赚钱力。

学习力是帮助你提高抵御风险的能力、扩大你的职业选择范围，正确的学习一定会带来好的结果。倘若把学习变成自娱自乐的行为，这就是在浪费资源，要记住赚钱才是你最终的目的。

最后，我们聊聊如何提升自己的学习力。

第一，找目标。如果你的目的是赚钱，为了赚钱就要给自己定小目标。在《了不起的学习者》这本书里，学习的目标可以定为短期、中期和长期三个。短期目标可以是完成今天工作的 KPI，中期目标可以是成为部门的 KPI 第一名，长期目标是找到能热爱并赚钱的行业。

第二，不断地实践。有了目标，就要把学习的知识不断实践在工作中。你学习了表达，就要在工作中多争取汇报的机会；学习了创意，就要想办法把工作做出创新。实践永远是检验真理的唯一标准。

第三，不断地向有结果的人去学习。有的人靠学习成功了，他就是个很好的榜样，值得你学习。向厉害的人学习能帮你少走好多弯路，因为很多坑对方已经帮你踩过了。

第四，持续获得满足感。人是需要正向反馈的，不要太过于完美主义，完成比完美重要。如果太追求完美，人的挫败感会特别强，你很难坚持下去。先设定比较容易完成的小目标，然后不断激励自己去完成更大的目标。这样你做事的能力就越来越强，成绩就越来越大。

不经过深思熟虑后的努力是不能给你带来成长的，唯有提升自己的学习力，才是通往富有的最快路径。你投入多少精力，学习了多少时间，才会有多少回报。

没有人能够像先知一样完全预测事物发展的走向。普通人能抓住风口的背后，不过是他们用学习力实现了认知突围。

当时代的巨浪拍岸而来，最先感知到的也一定是那些最敏锐、最有学习意识的前 5% 的人。

5

知道，并做到，才能得到

曾经有人在网上问我："大齐老师，为什么道理我都知道，却做不到？"

很多人以为理解了、听懂了，就是悟到了。

其实不是。

《天道》里芮小丹有句台词是这样说的："只要不是我觉到、悟到的，你给不了我，给了我也拿不住，叶晓明他们就是例子，只有我自己觉到、悟到的，我才有可能做到，能做到的才是我的。"

知与行，本就是一体，把自己放在具体的事情中，让自己锤炼成方法，才能找到自己的答案。

诸葛亮北伐中有一场重要的战役——街亭之战，如果能守住街亭，蜀军便可直取关中。马谡从小熟读兵书，就连诸葛亮遇到问题也会询问他的意见，然而当他主动请求带兵守街亭时，军中将领却纷纷反对，因为他没有多少带兵打仗的经验。诸葛亮选择相信他，并将作战策略一一说给他听，谁知马谡到了街亭后，完全把诸葛亮的策略抛于脑后，擅作主张，在实战中纸上谈兵，导致蜀军大败。

实践是觉悟的必要环节，一个人读了很多书，明白很多大道理，不去实践，就永远也不知道这个道理有没有真正属于你。

想，都是问题；做，才有答案。没有把"知"变为"行"，永远不是真的悟到。

所以，从知道到得到，中间还隔着做到。但"知道"和"做到"之间，隔着太平洋的距离。很多人知道早睡早起对身体好，但就是做不到，晚上熬夜，早上起不来，诸如此类数不胜数。这也印证了前些年一句网红句子：为什么听了很多道理，仍然过不好这一生？

因为知道，做不到，等于不知道。

知易行难，大道至简。唯有知道并且做到，才能真的得到。要用行动验证你的认知，理论联系实践，最终你才能得到。当你的脑子里有想法但没有行为，从他人口中获取了道理但自己没有体验过，这只是"知道"；当你用行动去验证你掌握的道理，你自己亲身经历这个过程，这才是"得到"。

说到底，"知道"和"得到"是两个概念。知识只是让你知道，很多同学会在应试教育下变成高分低能的人，拥有很多文凭，但没有一点基本的生活技能，这其实也是一种纸上谈兵。实践才能让你得到，将所学的知识为自己所用，才能将原来落后的技能和知识迭代掉，博得一个更好的出路。

好比你是一盏灯，那么你所掌握的知识就是日益增加的灯油，而行动与实践则是点燃灯芯的打火机。你可能觉得自己开悟了，听了很多道理，随时做了好点灯的准备，想让自己发光发亮，可如果没有行动，没有用打火机点燃灯芯，你的这盏灯还是不会亮。因为你学到的知识，还没有转化成实践的燃料。

所以，知道并不代表得到，也不意味着你真正听懂解析了人生道理，只有将所知付诸行动，不断积累实践经验，才是真正懂得了人生道理，这才是得到。

要知道，知行合一，重要的不是知，而是行。真正的知道和行为是统一的，知道即做到，之所以做不到，归根结底是因为你不知道。

你教别人跑步、游泳时，不会去讲力学系统，更不会讲一堆乱七八糟的理论知识。你一定会让他先跑两步给你看，再来纠正他的跑步问题。练功不讲逻辑、认知，只讲行动。如果这个人认识你之前 100 米跑 15 秒，认识你之后按照你的行动方式跑进了 13 秒，有了事实依据再来复盘总结，这时他才会真正明白。

人不是想明白的，而是做到了才能明白，知行合一最重要的是实践在前，复盘总结在后。人都是这么变强的，行动在前，认知在后。做事情，或者说想要做事情，最重要的是先做起来。

因为知道的事情如果不能付诸实践，便永远不能实现。如果你知道要付诸行动，但因为拖延、焦虑等各种问题没有行动，可以尝试刻意练习。明确自己想要做到的事，以此为目标进行努力，不断挑战自己的极限，不断寻找不足之处，终有一天你会成为"知道即做到"的人。

一个人只有将认知内化为成长的基石，才能逾越"知道"和"做到"之间的鸿沟。

知行合一的本质是一种潜意识与显意识的高度统一，就是你认为什么是对的，你的潜意识与显意识就会统一。知是行，行是知，互为因果，交替往复的循环。

知行合一，用行动校准认知，用认知调整行动。相辅相成，表里相依。一个人才能真正把事情做成，把事情做好。

说到底，世间只有一个功夫，知行不可分作两事。

知道的是理论知识，理论可以指导实践，只有掌握的知识和道理够多，才不会在做人做事上吃亏踩坑。做到的是实践，实践是检验真理的唯一标准，考虑一千次，不如做一次；犹豫一万次，不如实践一次。想方设法把事情做对，是实践和努力的积累，也是在行动中自己方法论的不断迭代。

通向罗马的是脚下的道路，而非听过的道理。

当知道与做到达成统一后，你才能得到自己想要的结果。成事的根本，也就在于此。

6

模仿，
是变强最有效的方式

普通人翻身最直接的方式，就是模仿。

很多人一听"模仿"两个字，就自动跟"学人精"这个词关联上，所以不屑于模仿，因为他们害怕自己成为没有想法、没有自我的学人精。

要知道，当我们还不够强大时，不要羞于模仿，你其实是站在前人的肩膀上，在短时间内获得他们通过多年积累的经验和智慧。

模仿并不可耻，它不是简单的复制粘贴，而是一种高效的变强策略。

每个人都想成为强者，但这需要不断地学习和打磨，其中只有极少一部分可以靠自己在未知领域获得成功，做吃螃蟹的第一人。绝大部分都是停滞不前，甚至越努力越失败，和别人的差距也越来越大。

为什么这些人得不到自己想要的结果？有两点原因：一是自尊心作祟，二是不会模仿。

其实模仿从我们出生就一直存在，比如婴儿通过模仿父母学会说话和走路；员工通过模仿优秀同事让自己快速在职场立足；很多行业的老二、老三也是通过模仿行业老大，快速掌握技术，进行创新和突破的。

模仿是基本且普遍的社会现象，一切事物不是发明就是模仿。所以你想成为谁，就去模仿谁。

"东施效颦"这个故事很多人都听过，但东施真的做错了吗？她只是找到了自己的目标，在为目标而努力学习。她没有考虑模仿失败带来的自尊心受挫，因为她也想成为西施一样的美女，只不过她不会模仿，没有掌握正确的模仿思路，才会被人嘲笑。

普通人想要变强，首先要做的就是破除自尊心，不要羞于模仿。

要坦然接受自己的能力和才学不如别人，去模仿他们的思想、行为甚至说话风格，哪怕最后只能成为强者的低配，也要不断模仿和学习。不用担心别人说你是学人精，因为你承认别人是优秀的，所以才会去模仿。

其次要懂得如何模仿。很多强者都是靠模仿出名的，比如乔布斯从不避讳苹果产品设计中的模仿元素，时装设计大师山本耀司也有相似的观点，虽然他的设计极具个性和创意，但他鼓励年轻人大胆模仿，从模仿中找到自己的风格和定位。

你看，他们的模仿不是1∶1的复刻，而是通过观察和学习他人的成功经验，缩短自己的成长路径。

先僵化，再优化，后固化。所以模仿不是简单地生搬硬套，而是要有思考的过程。**模仿的底层逻辑，应当是对对方的思维模式、学习模式和行为模式的模仿。**

思维模式，是他如何想问题、看世界的；学习模式，是他如何学习、如何迭代认知的；行为模式，看他是如何做事的。

当你不再羞于模仿，又找到自己模仿的目标或人物时，只要做到极致的重复，就能一步步靠近自己的理想人生。

重复强者的思维方式。模仿强者，不仅要重复他的表层展现的穿衣风格、说话方式，更要重复他待人接物的思维方式。遇到困难时，你可以把自己当成模仿的那个人，去思考他会怎么处理，拆解强者思维。

重复强者的执行力。执行力是拉开人与人之间差距的关键，想都是困难，做才有答案。强者永远在行动，即使一开始执行的效果差，也能坚定自我，在重复的过程中，一次比一次做得好。你要做的就是模仿强者，找到对你来说有价值的事情，不断执行，不断重复，最终获得成功。

重复强者的复盘能力。当你在模仿强者时，也应看到他的复盘能力。复盘是自我成长与迭代的过程，懂得反省自我，从过去经验中总结出正确的做事方法论，而不是看起来忙碌，却总在瞎忙没有结果的事情。

模仿的本质是极致的重复。通过大量刻意练习的堆积，量变一定会引发质变，让你成为你想成为的那个人。

相信什么，就会成为什么。你所遇到问题也好，想做什么事情也罢，其实都已经有前人找到了方法，太阳底下并无新鲜事，你所要做的就是"听劝"，去学习别人的经验走自己的路。

放弃盲目的努力，接受强者思维，去模仿复制。站在他们的肩膀上，用已经成功的方法和思路影响自己，这才是一个人安身立命、往上攀爬的最快途径。

找到强者、跟随强者、复制强者、成为强者、超越强者，这就是普通人变成强者的必经之路。

一等二靠三落空，
一想二干三成功。
只有躬身入局，
才有获胜的可能。

· 翻身 ·

真正的高手，都是狠人

7

成大事者，必须带点"匪气"

所有能成事的人，身上都带着点匪气。

这里的匪气是一种强者气场、权力意志，而不是鲁莽粗俗。

这种人，大到帝王将相，小到地痞流氓，不管面相如何，内心都有一个共性，就是永远积极进取，想要改变周围的环境，就要敢于与天斗、与地斗。

一般人遇到事儿，还在那儿瞻前顾后、计算得失、犹豫不决的时候，有匪气的人往往已经出手了，并且"稳、准、狠"。

尤其是那些从底层出来的人，靠的就是一股狠劲儿。

他们身上的攻击性很强，总有一种不守规则的冲动，所以他们在小的时候大多都不是老师和家长眼中的乖孩子，成年后也不是典型意义上的好人。

但无论你多么看不惯他们，都不能否认，这种强者气质的确极具魅力。

大部分人，包括很多聪明绝顶、才华横溢的人，都是心力孱弱的人，他们很容易丧气、颓废，总感觉自己生不逢时、力不从心。而这些人只有找到一个能点燃自己的老大，并为他奉献自己的才华和力量时，才感觉到人生的意义，才有活着的感觉。

所谓真正的强者，敢于用强硬的手段，敢于攻击，敢于争取。

世人都知道五虎将厉害，但没有刘备在前方举着火把看路，坚定目标前行，五虎将也不会有"士为知己者死"的决心。千里马常有，而伯乐不常有，说的正是这个道理。

很多人想从底层杀出来，却不知怎么培养匪气，只要记住这三大核心，你也能养成匪气，提升领导力。

第一，具备高度的乐观性。

只需要一点点的正向反馈，就能积极向上；面对压力和逆境，更容易保持冷静和自信，做出明智的决策。有的人总是玻璃心，莫名其妙地自卑，他们会不停地向外索取，达不到心理预期就开始焦虑自卑，盲目悲观。所以，当老大也要学会夸奖别人，激发他们的热情和积极性，使他们更愿意为共同目标奋斗，而这也是提升士气成本最低的套路。

要知道，一个乐观的心态，比得上一百种人生智慧。**你要先相信自己能成事，才有可能拥有富足的人生。**

所以，想要摆脱底层命运，就要学会置顶一个积极心态。

第二，具备高度的钝感力。

俗称打不死的小强，要想成就霸业，就要百折不挠，遭遇多少挫折也不屈服。

三国时期的袁绍，四代三公，兵强马壮，实力雄厚却早早出局，正是因为他在官渡之战中惨败，受不住挫折而忧郁至死。而刘备颠沛流离十余年，手下也不过一千人马，三顾茅庐终于请出比自己小二十岁的孔明出山，知命之年才打败宿敌曹操，进位汉中王。

若将刘备的挫折放在现代人身上，恐怕早已心灰意冷几百次了。历史上大部分创业成功的大佬，几乎都是百折不挠、不达目的不罢休的人。

弱者自困，强者自渡。你要明白，凡是阻碍你的，其实都是来让你修行的。

行走江湖，挫折是常态，顺风顺水是意外，你只有戒掉敏感，方能轻装前行。

第三，具备高超的识人能力。

不管发迹前还是成功后，那些大佬都有一套价值判定的系统，有些人会称为"格局"，但格局说白了就是一种高位的价值系统。这套系统不是来定物的，而是来定人的。定人的高低贵贱、三六九等，将人际关系的边界梳理得明明白白，不然被手下的人出卖了还帮忙数钱，岂不是大笑话？

不过识人看似是直觉，实则是一种能力。

你若想练就一双识人的慧眼，就要去多经历、多留心、多揣摩。等阅历攒够了，你也能修炼出一套自己的阅人系统，一眼就看穿人心。

一个人的未来是穷困还是富有，很难判断，因为人总是会成长的，不知哪天就会突然开窍。但只要拥有这种上进的野心，他的命运就不会太差。

毕竟，一个真正强大的人，往往能够战胜自己，救赎自己。

而这个世界的温柔，都源于你的强大。

8

体力，比能力更重要

我曾说过，成大事者，有三练：**练体、练脑、练心。**

只有管理好自己的体力、脑力、心力，才能具备集中精力干大事的基本素质。

首先要做的就是练体，身体是财富的载体，一定要先把体能搞起来，你才有赚钱的机会；其次是练脑，提升思维逻辑，把自己的口才练好，才能更接近财富；最后是练心，你有怎样的认知，便能看到怎样的世界，心力决定你能否进入那个世界。

体力是成功的基础，这个世界是为活得久的人准备的，良好的身体是做成一切事情的前提，身体不好就算再有能力也无法施展。

在成事的前提下，体力好是能够成功的一个关键因素。

三国时代，英雄辈出，但谁也没想到司马懿才是最后的赢家，而他能成功的原因之一，就是活得久。在平均寿命只有 26 岁的三国时期，司马懿活了 72 岁，对手一个个被他熬死，最终没有对手，也就赢了。

反观他的平生宿敌诸葛亮，绝顶聪明的三国头号军师，54 岁英年早亡，最终在第五次北伐与司马懿的对垒中，于五丈原病逝。身体跟不上，不管你有多少匡扶苍生的想法、指点江山的能力也无济于事，最后只能是空留遗憾。

所谓体力，是根据一个人的意念、目标、能力、环境和思维全方位调动自己身体能量的能力。人之所以能成功，是因为有良好的体力，才能让你做你想做的事，去获得想要的生活。

一个好的想法，如果没有体力去实现，那么它就永远只是一个想法而已。当机会摆在你面前，你的体力能否转化成执行力，去抓住它？在成事之前，要经过长时间学习、工作和磨炼，你的体力能否转化成耐力，持续修炼？如果你的体力无法支撑你完成目标，总是一副疲态，而别人却能鼓足干劲，抓住机会努力翻身，人与人的差距，就这样被拉开了。

要知道，拼事业，拼到最后的，都是体力。

而你有所了解，就会发现越是成功人士，越注重身体的锻炼。你以为他们工作很忙，没有时间锻炼，可实际上，即便是工作很忙的情况下，他们依旧会坚持健身。因为他们深谙有好的身体，才能走得更远。

所以，体力对于一个干事业的人来说，不仅仅是身体的素质，更是成事的重要战略资源。

脑力是成功的关键，赚钱靠的不是体力，而是脑力的高认知和谋略，没有哪个有钱人是仅凭勤劳的双手就能创造财富的。有时候我们羡慕别人白手起家，不仅能轻松赚钱，还有很多时间享受生活，却没有考虑到他们思路清晰、步骤得体，行动也远比自己更有逻辑，而这正是优秀与平庸的分水岭。

假如你不善思考，不懂得将体力与时间用在更重要的事情上，每天都在机械度日，那你永远不会有质的提升，经济环境一旦不好，就很容易被时代淘汰。

一个人，想要做好或者做成一件事，通常取决于三个方面：外界允不允许做；有没有意愿做；有没有能力做。能力是脑力的体现，有没有能力去做，才是最重要的。而脑力是可以培养的，会随着后天的学习和深度思考，不断实践提升起来，进而看透事物本质，预测未来趋势，找到成功之路。

因为花一秒钟看透事物本质的人，和花一辈子都看不清的人，注定是两种完全不同的命运。而你要做的，就是在困难中不停地锻炼脑力，才能破局。

未来，终究是脑力为王的时代。致富的路，要靠认知来打通。努力投资自己的大脑，当你比别人看得更深，看得更远，自然也会离财富更近。

心力是决定一个人能走多远的重要因素。

人之所以能，是因为相信自己能。心力强大的人，志向远大，永不言败，不仅可以帮你走出逆境与苦难，也能承接生命中的顺境与福报。而心力弱小的人，就会把所有的困难当成威胁，甚至困难还没降临，就已经心生恐惧，提前幻想失败的下场。

曾国藩曾说："官军击贼，条条皆是生路，惟向前一条是死路；贼御官军，条条皆是死路，惟向前一条是生路。官军之不能敌贼者以此。"这是曾国藩对清兵的评价，说到底是清兵心力不足，被眼前的困难打败，只想给自己找个退路，连拼搏的勇气都没有。这种情绪传染到人群中，即便这支军队再强大，也会崩溃瓦解，这是清兵接连战败的重要原因之一。

很多时候，我们停滞不前甚至后退，不是因为我们体力和脑力不行，而是心力太弱。遇到一点困难，就陷入"我不行"的负面想法，怨天尤人，这样的人没有足够的力量支撑自己去想办法。

一个人的心力能左右你的现实生活，更决定了你事业的成败、人生的上限。掌握心力，才能掌握人生。

人与人命运的不同，其实全在心力的较量。只有把心力修炼强大，才能破除心中的壁垒，在人生的每一个分岔口都做出正确的选择。

体力、脑力、心力是我们成功路上的必备条件，除此之外，成大事还有两个很关键的因素：愿力和法力。

愿力是我们内心深处的向往，是我们对现实生活的一种信念投射和对目标的渴望，你有多大的愿力，就能获得多大的成就。

很多时候，不是遇到的麻烦太难解决，而是你的愿力太小，解决不了。你的愿力只有乒乓球那么大，却遇到了篮球大的困难，那你就只能看到困难，被困难击垮；但你的愿力有太平洋那么大时，就算你的困难有黄河那么大，也是微不足道的。

种什么因得什么果，我们未来想成为什么样的人，就需要弄清楚自己内心真正热爱的东西，埋下相应的种子，等待它发芽结果。

当成功的愿力够强，你就能凭着不屈的意志力熬过所有的磨难。当你为了心之所向而不断努力，你就能真正过上你想过的生活。

法力是一个人的战斗力，是能否解决问题的基础能力。

有法方能成事，有的人遇事就唉声叹气，想破脑袋也不知道该怎么解决问题；但有的人却在事物发展的内在规律下，找到合适的方式和手段，有效实现目标。只有掌握正确的方法，才能提高个人解决问题的能力和效率，避免不必要的失败。

体力为本，脑力为智，心力为魂，愿力为内在力量，法力为外在方法。当你掌握这五个方面的因素时，才能实现真正的个人觉醒。

所有美好的结果，都需要时间来达成。一旦你认定了自己的方向，就只管踏实前行，时机到了，自然能收获颇丰。

9

孤独，
是强者的宿命

强者总是独行，弱者才追求合群。所谓王者，都是在孤独中成长起来的。

董明珠刚加入格力时，几乎全年无休，同事约她吃饭聚会，她每次都会拒绝。有人劝她要合群些，不然退休后都没人愿意和她做朋友。她说："我年轻打拼时都不依靠朋友，老了后还需要在意有没有朋友来看望我吗？"

我们都知道董明珠从基层销售一路做到了董事长的位子，现在的她说句话都能引发社会热议。当时劝她合群的同事，却早已泯然众人。

孤独时期是人最好的增值期。

《乌合之众》里有句话："人一加入群体，原先的个性便会消失，他不再独立思考，而是随大流，无意识占上风，智力减弱，很难做出明智的事情。"

一个人越是盲目地往群体里钻，越会拉低自己的层次，失去自己的思想和斗志，直到被平庸同化，和周围人活成一个样子。

圈子不同，不必强融。猛兽独来独往，只有牛羊才会成群结队，需要群体给予虚假的安全感。

人也是一样，越没本事的人，越喜欢盲目地合群。

因为弱者害怕被排斥，害怕与众不同，说到底他们害怕的是孤独，害怕一个人面对现在和未来，没有人给自己帮助，所以他们才会如此在乎人际关系，即使不合群也要戴个面具假装合群，最后搞得自己越来越拧巴。

而强者从不害怕孤独，强者的孤独是没人懂我，也不需要有人懂我，因为我自己懂自己，是我选择了在自己的世界里，清醒而自由地活着。强者更不会在乎人际关系，人际关系的本质是价值交换，只要你足够强，自然有人愿意同你结交。

人要么孤独，要么庸俗。真正的孤独是无所求、无所靠，只有不去求、不依靠，这种孤独才是真正的内心强大，才是真正的内心自由。

让人与人之间拉开差距的，不是智商，也不是情商，而是与世界的相处方式。

孤独是高速成长的代价。

想要出类拔萃，就要做人潮中逆行的那个人。**尤其是从底层杀出的人，早已跳出了自己过去的圈层。**

如果你认为自己生而不凡，不愿随波逐流，知心朋友很少，也没有家人帮助，自主沉浮，这样的人就是华盖局。所谓华盖，就是指皇帝车驾上的伞盖，是尊贵和地位的象征，华盖就是一个人头上的星神，神秘耀眼，具有庇护和显威的作用。

命中带华盖的人，一定是独树一帜、心高气傲的人，这种人如果能够自控，独来独往又待人友善，终能成为强者；如果不能自控，任性傲慢，就会被诸多坎坷击垮，最终淹没于人潮。

真正厉害的人，一定是独来独往的，特别是出身寒门，从底层一步一步爬上来的人。这样的人成长得越快，孤独感就越强，当他在原有的圈子里鹤立鸡群，变成最优秀的那个人时，他的孤独感会更强烈。因为高处不胜寒。

能够享受孤独的人，都是生活中的强者。他们在远离了尘世的纷扰后，早已领悟了生命的真正价值，获得了灵魂的真正富足。

生命的丰盛，在于享受孤独。与其人云亦云期待别人理解，不如独来独往壮大自己。

另外，强者只有高质量神交，没有低质量社交。

其实很多人朋友少，不是因为高冷，而是原来圈子里的那些朋友跟不上他的脚步，尽管他极力融入，还是没有共同话题，因为他很清楚那些朋友的思维都是错的，但又无法改变他们，只能不断地换圈子，寻找同频共振的一类人。

还有很多人干脆埋头书本和典籍，在伟大的思想和隽永的内容里获取给养，在作品中跟古今中外厉害的人神交，和他们神交比和普通人社交有用一万倍。

一个人的能量越强，越喜欢独处，而且他可能根本不需要别人的理解。一个人的时候是与神对话，两个人的时候是说真心话，三个人的时候是讲场面上的话，四个人或者四个人以上的时候是见人说人话，见鬼说鬼话，这种话是不能听的。

如果把我们的人生境界比作九十九层楼，在底层时，我们看到的大部分都是垃圾，到达十层时，能看见底下的人，也能看到上面的风景，可当你到达九十九层时，领略到山顶最美好的风光，那时你还会在意山脚下的垃圾吗？你更不会在意身边有没有朋友，因为越往上越孤独，在你往高处爬时，你会发现身边的朋友一个接一个掉队，跟不上你的步伐。

所以真正的天才都是孤独的，真正的觉醒者也是如此。

强者不是冷漠，而是清醒，你很难再和酒肉草包打成一片，因为你的精力和境界都不再允许。你会发现，唯一了解你的是自己，唯一和你做朋友的还是自己。

孤独的深度，决定了一个人的高度。

平庸的人用热闹填补空虚，优秀的人以独处成就自己。

行走于世间，离人群越远，离自己就越近。

所以，强者到最后都会高处不胜寒，先是被动地寂寞独舞，最后主动地享受孤独。孤独才是强者的宿命。

真正的"狠人",
对人狠,
对事狠,
对自己更狠。

·翻身·

真正的高手,都是狠人

制

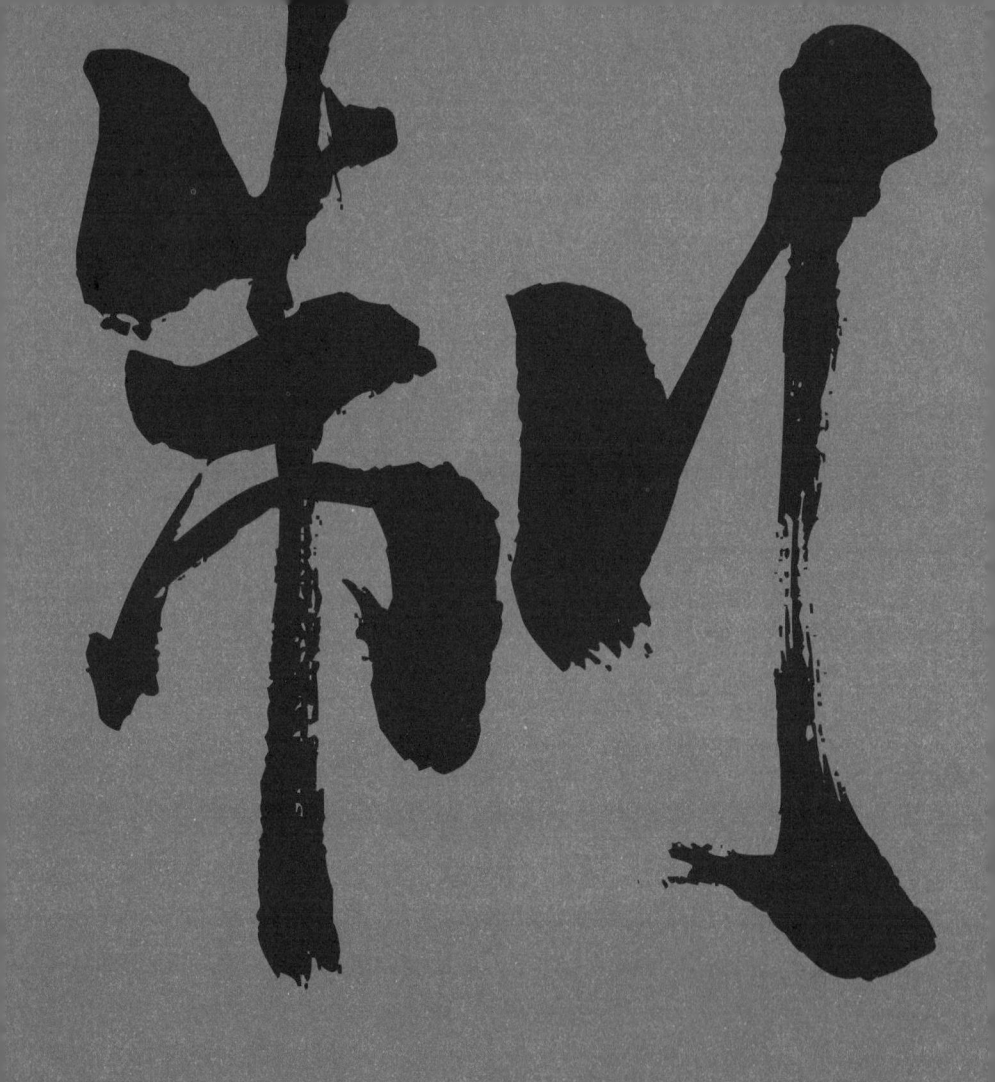

第五章

(CHAPTER 5)

善谋者赢天下，
能略者定乾坤

富在术数，不在劳身；
利在势居，不在力耕。

出自
《盐铁论》

·制胜·
成大事的制胜思维

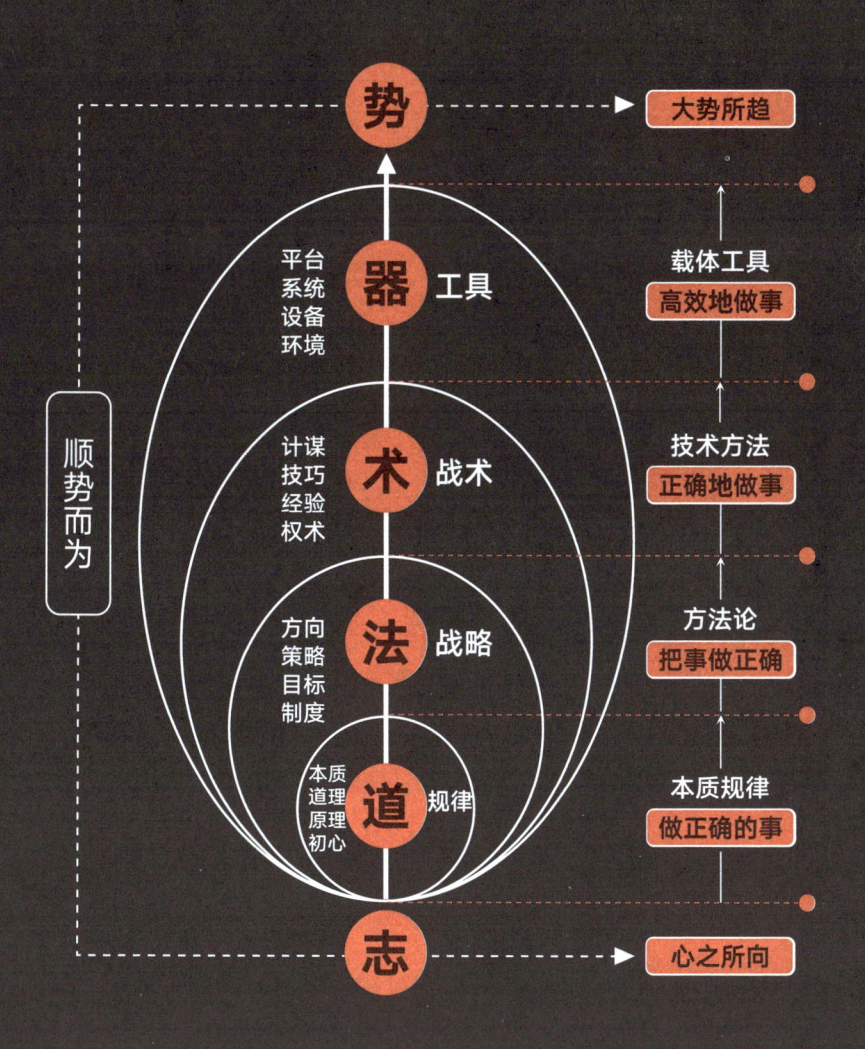

- 势 → 大势所趋
- 器 工具（平台 系统 设备 环境）→ 载体工具 / 高效地做事
- 术 战术（计谋 技巧 经验 权术）→ 技术方法 / 正确地做事
- 法 战略（方向 策略 目标 制度）→ 方法论 / 把事做正确
- 道 规律（本质 道理 原理 初心）→ 本质规律 / 做正确的事
- 志 → 心之所向

顺势而为

以道御术，乘势而为，器法兼修，万事可成。

1

顶级聪明人，必须具备两种能力

成大事者，必须具备两种能力，一种是化繁为简，另一种是化简为繁。

想要实现蜕变，一定要及早敲醒自己，掌握这两种能力。

绝大多数人喜欢把简单的事情复杂化。有的是将事情想得复杂，还没开始做就反复思考，计划再计划，然后在复杂的过程中不断拖延，结果就是一开始计划好的目标，通通没有实现；有的是被动接受复杂，制定繁琐制度的公司，讲究形式主义的领导，一环扣一环，让你被迫内卷在各种没必要的过程里，没有时间正经做事情。

其实很多问题并不复杂，复杂的是人性。

当你遇到难办的事情时，不妨多从人性的角度去思考解决之道。

你有没有发现，当需要为自己的拖延和失败找借口时，就会将行动变得复杂；领导需要汇报工作的困难和进步，凸显自己的能力来升职，所以将汇报变得复杂。

一个人能否成事，关键在于是将简单问题复杂化，还是复杂问题简单化。这背后体现的是人的思考和表达能力的深度。 当你能将复杂的内容全都琢磨加工好，简单表达出来，这才是真的本事，升级到化繁为简的境界；如果可以正过去、反过来变着花样讲，无论遇到什么状况都能快速应对，给出合理的解释，你会到达下一境界，也就是化简为繁。

化繁为简是智慧。《易经》中提到"大道至简"，告诉我们宇宙万物不论多么复杂多变，背后的道理和规律都是非常简单的，其本质是找到根本问题，然后运用底层逻辑破解。

你越复杂，事情就越复杂，简单行事，方能成事。真正厉害的人，不为欲望迷眼，不被物质羁绊，懂得化复杂为简单。

要知道，这个世界上只有 1% 的人能够真正做到化繁为简，洞察世上所有的真相和本质，而剩下的 99% 的人都会沉溺于 1% 的人所创造的商业假象当中。

越是高级的东西，往往越简单。

乔布斯重回苹果公司后，进行了大刀阔斧的改革，所有的产品线只分为消费级和专业级两个用户维度。他说："简单比复杂更难，你必须付出巨大艰辛，化繁为简。但这一切到最后都是值得的，因为一旦你做到了，你便能创造奇迹。"

少即多。通过精简产品线，集中资源打造精品，让苹果公司实现了从困境到辉煌的转身。

而人生亦是如此，学不会摆脱物欲和执念束缚的人，必会为其所累，活得格外沉重。只有懂得做减法，遵从自己的内心去选择，最后筛选出来的，才会是你真正想要的。

化简为繁是商业。当我们能够化繁为简看清真相，找到本质和规律后，想要获得世俗意义上的成功，还需要把它再化简为繁，包装成大众能接纳的产品或服务。

因为很多人只愿意为复杂的东西买单，也更容易被复杂的描述和套路打动。越是花里胡哨的东西越能让他们着迷，这是人性使然。越是概念复杂越是花里胡哨，就越容易让人相信。

大众不想要真相和价值，而是渴望被理解、被认同。 所以，千万不要把你所认为的真相和价值强加于人。

你看，苹果公司砍去繁琐的产品定位与类别，彻底精简后，才换来了辉煌的转身。然而在成功后，苹果公司又不断地推出新的产品和服务，如 iWatch、AirPods 等。它们只是移动消费产品的延伸，但重新包装后，无疑丰富了苹果的产品线，更满足了消费者多样化的需求。

由此可见，商业的本质其实就是八个字——看清真相，制造假象。

一个人想要成大事、赚大钱，就需要在入局之前看清楚里面的真相，也就是看清商业本质中隐藏的关窍，觉得自己有利可图的时候，再躬身入局，全力以赴。等大众发现诀窍、市场不赚钱的时候，你已经抽身而去，寻找下一个机会。

真传一句话，假传万卷书，万卷经书未必就是白读，读书破万卷，就是为了领悟这一句真传。

所以，世界是公平的，做难事才有所得。

赚钱的生意就像一条鱼，鱼头吃不上，可以吃鱼腹，但永远不要吃鱼尾。

第一个吃螃蟹、喝鱼头汤的人永远赚得盆满钵满，但风险也是最大的，因为投入是看不清楚的，你不知道能不能赚钱，容易腰斩。

到了吃鱼腹的时候，率先看清商业本质的人会选择入局，他们不搞原创，只做拓产和放量的动作，等搞大之后，大家都知道他赚钱，模仿者、参与者也会相继增多，后面的生意也会越来越难做，这时他不会跟后来抢鱼尾的一群人竞争，而是清醒地选择退出。

所以商业就像是吹泡泡，一开始吹起来的人赚钱，但泡泡吹到一个阶段时，越来越多的人涌入就是接盘的状态，直到"砰"的一声，泡泡破碎，那些看不清商业本质的人，赚钱梦也会随之破碎。

大道至简，衍化至繁。人生就是一场由简入繁，又由繁入简，再由简入繁的过程。

真正厉害的人，对自己化繁为简，他们可以挣脱世俗纠缠，看清问题的本质；对他人化简为繁，满足不同人的需求，赚取更多的利益。

如果没有化简为繁的内化过程，所有看起来让你顿悟的简单，就会变成自嗨的毒药。

化繁为简，是追求本质的思考过程；化简为繁，是展开本质的行动过程。说到底，人能实现的所有跃迁，本质上都是认知完成了觉醒。

成长是双向的，大多数时候我们就是在化简为繁的路上理解那背后的化繁为简。两种能力在不同环境相互作用，互为补益，才能成大事，助你在各种场合立于不败之地。

2

极致的自私，
总以无私的形式出现

虚伪的人用嘴，真诚的人用心。

我们经常看到有些人巧言善辩、能说会道，总能用甜言蜜语来取悦别人，他们看似友好热情，实际内心冷漠，只关心自己的利益。这种人自以为情商很高，能够取得别人的信任和喜欢，其实每个人心里都有一杆秤，是真心与人交往还是耍嘴皮子功夫，大家一眼便能看穿。

真正的高情商，不是八面玲珑、能说会道，而是能真诚待人、愿意去帮助别人，是这个人走到别人面前，就会被别人无条件信任。

许多人交不到真心朋友，原因在于习惯了戴着面具做人，总会算计利益得失。

别人看不清你的真面目，又被有意无意利用，自然会有所防备。

人与人之间都是相互的。只有真诚对待别人，以心换心，把自己的好东西跟别人分享，在别人有困难时也愿意不计条件地帮助他们，才会拉近彼此的距离。

让人信任、感到踏实的，不是机关算尽的人，而是以心换心的人。这种人总处于人群的最中间位置，永远不会被人排斥。

网上有很多"专家"教的攻心术、读心术，只是人际交往最表层的"术"。他们或许能在短时间内赢得别人的好感，但时间一长，别人就会发现他们背后的虚伪、自私和算计。

因为他们忽视了最本质的"道"，忽视了人品、道德，忽视了真诚、真心，而真诚才是最大的"套路"。

生命其实就是一种回声，你给对方最好的，别人也会给予你最好的。

正如《道德经》中所言："反者，道之动。弱者，道之用。"这句话是说所有事情的发展都会走到其对立统一面。你要往低处走，才能上高处；你要弯曲，才能伸直；你要付出，才能得到更多的利益。

所以，世界是有作用力与反作用力的。当你发现最好的利己方法就是利他，最全面的利他就是利己，那么你离成功也就不远了。好比你的公司以服务客户为定位，创造客户的价值为目的，那么赚钱是顺便的，但是你只以赚别人的钱为目的，既做不好服务，也创造不了价值，那么破产也是顺便的。

心离钱越近，手离钱越远；心离钱越远，手离钱越近。

想得到回报，就要先学会付出，让别人看到你的好，对方自然就会投桃报李。

在赚钱上，如果我们总想着如何从别人那里得到更多，反而会失去更多。而有时候我们在舍弃某些东西的过程中，反而能收获更大的利益。

不仅如此，给予和付出也是一种投资，它不仅可以赢得他人的感激和尊重，还能创造更多的机会和可能性，在给予中得到回报。这就是舍中得，予中取。

舍与得，予与取是人生的大智慧。《鬼谷子》曾言："欲高反下，欲取反与。"《道德经》也说："将欲夺之，必固与之。"

人生有舍才有得，这是世间亘古不变的真理。

商业的逻辑同样如此。想赚钱，就先想想自己能为别人做什么，可以提供什么价值，对方与你合作能得到什么。当你拥有利他

思维，你会发现这才是世界上最伟大的商业思维。

说到底，在这个世界上，人人都是服务员，一个人服务别人的热情与能力有多大，人生的运气和成就就有多大。

财聚则人散，财散则人聚。当一个人赚了很多钱后，不要把个人利益看得太重，认为赚的每一分钱都是自己的，而忽略了别人的价值。如果这个人只想把钱捂在自己口袋里，不愿分别人一口汤，斤斤计较，不仅事业做不大，还会早晚被大家疏远，断绝合作的可能。

毕竟，没人愿意和自私自利的人合作，也没人喜欢和锱铢必较的人共事。

相反，那些知名的企业家在赚了很多钱后，总会将财富散给跟着他们一起拼事业的部下，让部下得到该有的奖励，自然会有更多人替你赚钱，企业的生意也会越来越红火。

"于己有利而于人无利者，小商也。于己有利而于人亦有利，大商也。于人有利，于己无利者，非商也。损人之利以利己之利者，奸商也。"说的便是这个道理。

求小利者则无大成，不求小利者必有大谋。

这个世界的运行有两套法则：一是道德，二是利益。

道德是明规则，是表象；利益是暗规则，是实象。我们想要赚

钱，想要得到别人的青睐，一定要学会利他思维。利他思维其实是用"道德"包装了"利益"，以其无私，故能成其私，所以说利他是手段，利己才是目的。

对待朋友，以心换心，真诚以待。不管做什么都先考虑别人，要让别人欠你人情，而不是你欠对方人情，如此才会有源源不断的人主动找你，说不准哪天就成了自己的人脉资源。

对待合作方，要平等互利，合作共赢。你给别人带来价值，别人才会心甘情愿把钱给你，你创造的价值越大，别人给你的就越多，你让大家都有钱赚，大家才会让你更有钱。而你做生意、搞商业的话，更需要有利他思维，精明的人之所以愿意吃亏，是因为聪明到大家都知道他聪明，知道他会赚我们的钱，所以他以退为进，先吃亏付出服务和商品，再赚来更多的钱。

一个人如果凡事只想着自己的利益，消耗别人的信任，时间久了，就会落入孤立无援的绝望境地。如果你只想着自己得到什么好处，那你八成是找不到任何合作伙伴的。

真正大格局的人，他们的人生信条永远都是："我要赢，但我要身边的人一起赢。"正是这种利他思维，才让他们的人生，有了更长远的发展。

要知道，这世上没有人是一座孤岛，你为他人铺就的路，来日将成为你行走的坦途。

所以说,无论是生活还是工作,你让别人好过,自己才能好过。

顾全别人也就是在成全自己。

有利他的格局,才有利己的结局。

3

财富
从哪里来?

这个世界最残忍的真相,莫过于:99% 的勤奋努力但认知低下的人,养活了 1% 坐享其成的人。

普通人相信天道酬勤,觉得勤劳可以致富,努力终有回报。如果这句话是对的,那么在社会上勤勤恳恳的工作者就应该是最富有的人,但是财富始终不属于这些人。

因为努力要建立在正确的认知和方向下,要去看清局势,在积累足够的认知之后,在真正通向财富的道路上努力。

《盐铁论》中提到:"富在术数,不在劳身;利在势居,不在力耕。"意思是想创造财富,秘诀在掌握规律、掌握方法,而不是仅

仅依靠体力劳动，获取大利润的关键在审时度势，发现商机，而不是一味卖力劳作。

选择往往大于努力。选择一种新兴的蓝海市场，远比在打得头破血流的红海市场中更容易成功。那么我们如何确保自己进入的是蓝海市场，并且极大可能获取财富，我认为有四种获取财富的根本路径。

第一种是信息差的钱：我知道的，你不知道。

互联网的到来，让信息的传播变得更方便了，信息差却越来越大，一部分信息被富人垄断，一部分信息则被自己阻挡在外，因为人们总是习惯接受自己喜欢的信息，屏蔽不喜欢、不在意的信息，最终把自己困在信息茧房里。

比如所有人都在讨论的 AI，有的人已经靠 AI 月入 10 万元，但有的人还不知道 AI 图片、AI 文字用哪些软件生成，所以别人赚钱你不赚钱。

但实际只要你动动手指头，去搜索关于 AI 相关的内容，你就会查出大量的资料，只要你费些时间进行筛选，照样可以入局。

信息时代，信息制胜更有效。有钱和没钱的区别，就在于信息差。你能打破信息差，就能看到更多的机会。

第二种是认知差的钱：我懂的，你不懂。

人永远赚不到认知以外的钱，我觉得现在做自媒体依旧是普通人最好的风口，但有些人不这么认为，这就是认知差。

当越来越多的信息公开化、网络化，人与人之间赚钱的差距也就不在信息本身，而是从产品、信息的不对等性，走向大脑认知的不对等性，将赚钱这一行为变成降维打击。

你要做的，就是多看书，建立自己的知识体系；多思考，从不同时间不同视角看问题；多接触，跟认知层次更高的人打交道。这样你的认知也会提升，财富也随之而来。用认知赚钱，是每个普通人都能走通的捷径。

人生的每一次阶层跃升，都是认知带来的叠加效应。要知道，财富是对认知的补偿，而不是对勤奋的嘉奖。所以，任何一个行业，最后拼的都是认知。

第三种是执行差的钱：我知道，你也知道，但我做了你没有去做。

很多人赚不到钱，不是受到信息差、认知差的影响，而是缺乏执行力。想到能赚钱的商业点子，还没开始做，就已经预设了各种各样的问题，吓退了自己，总希望准备万全了再开始。

人生不像做菜，不能等所有材料都准备好才下锅。知道却做不到的纠结背后，是无止境的自我战斗。

我们都知道现在做直播赚钱，不管是卖货还是卖课，都是赚钱的赛道。但很多人根本没想过自己尝试，因为他觉得丢脸，不知道该讲什么，面对别人的质疑不知道该如何处理，所以他一直在错过。有的人是尝试过，但数据惨淡就有了放弃的想法，没有坚持，也不会成功。

拉开人与人之间赚钱差距的关键，很多时候就在执行差上。与其陷入无限的纠结中，不妨让自己先搞起来，前行路上，答案自然会随着时间慢慢呈现。

第四种是竞争差的钱：我懂的，你也懂，但我做得比你更优秀。

在市场竞争越来越激烈的前提下，想要脱颖而出并赚更多的钱，需要具备别人没有、但你有的竞争差。尽管你和别人的信息、认知、执行没有差距，但是别人的综合能力比你强，在竞争中比你快了一步，别人就会胜出。

你要明白，所有人都有的东西是不稀缺的。竞争力是一种制造差距的能力，你能解决别人解决不了的问题，那么你就有竞争力，这时候，你就会变得值钱。只要你有了解决问题的能力，就有了跟别人竞争的最大底气，因为那就是你的优势和核心竞争力。

这四种方法，信息差和认知差是从 0 到 1，这是赚钱的第一桶

金，执行差和竞争差是从 10 到 100，这是你可以钱生钱的本事。

穷人和富人之间最大的差距，从来不是金钱，而是赚钱的底层逻辑。

要相信，金钱只会流向最匹配它的人。而这样的人，一定是掌握了财富运行底层逻辑的人。

让别人好过，
自己才能好过。
有利他的格局，
才有利己的结局。

· 制胜 ·
善谋者赢天下，能略者定乾坤

4

谋事者谋一时，谋局者谋一世

谋局者，是最厉害的一种人。

古语说："庸者谋事，智者谋局。"

意思是谋事者的思维相对局限、片面，只聚焦于具体事件的完成和问题的解决，取得的结果也是短期、局部的。而谋局者的思维更加开放灵活，能洞察未来趋势，把握发展机遇，更注重整体和长远的规划，权衡利弊从而做出明智决策，创造出更大的价值和影响力。

说到底，谋事不如谋局。处事无非人性，谋局在于人心。

对于高明的棋手来说，通过谋局来实现目标，远比单纯做好一件事获得的利益更大。所以，一个人想要成事，一定要懂得谋局，而谋局者都具备这三个重要特质。

第一，谋事者看表象，谋局者看本质。 首先我们一定要对自己有清晰的认知，厘清自己到底是做事的人还是谋局的人。能在一秒钟内就看透本质的人和花半辈子也看不清一件事本质的人，命运是完全不一样的，这正是谋事者与谋局者在思维本质上的差别。

做事的人专注于把手头的事情做好，他遵循的是世道，讲究的是技术，看到的往往只是表象。社会上绝大多数人，都是做事的人，对每个人而言，时间、体力都相差无几。做事的人会选择提升自己的技能水平和熟练水准，成为一个技术更专业的人，但想要成大事，只提高表面的技术能力还远远不够，更多的要依靠运气和机遇。

而做局的人会默默在背后布局一个繁杂的系统，运筹帷幄，决胜于千里。 因为成大事并不单单是技术高超到某种程度的必然结果，而是包含了天时、地利、人和的综合因素。

所以，能力、世道、人心缺一不可。

对于一个做局的人来说，万物皆为我所用，万物皆不为我所有。他遵循的是天道，看破的是人性，看透的更是一件事的本质。 他们善于把复杂问题简单化，把简单问题量级化，把数量问题程序化，最后把程序问题系统化，这才是一个谋局者真正的本领。

做事的人往往靠体力劳动赚钱，做局的人往往靠渠道、品牌、投资、布局或是体系，进而赚得盆满钵满。

第二，谋事者争一域，谋局者争全局。做事的人更关注局部的利益效果，在认知上有盲点，行动上也就有了偏差，他们最多只能获得部分利益，根本吃不了全部的利。就是因为他们只关注了次要矛盾，没有考虑到主要矛盾，很难应对潜在的挑战。

而谋局的人则更具有全局思维，他们能跳出局部的限制，站在更高的视角审视问题，知道什么要舍弃，什么该争取，追求的永远是整体利益。

清末时曾国藩奉命平定太平天国，组织了安庆会战。朝廷一心盯着眼前利益，几次三番催促曾国藩不要盯着安庆，让他先保全苏州、杭州这些财税之地。然而安庆才是太平天国的命脉，既是西线屏障，又是粮源要地。拿下安庆，湘军就能乘胜东下，直逼南京。就像下棋一样，安庆就是棋眼，只要拿下棋眼，整盘棋就能盘活。

曾国藩的战略是站在全局角度出发，朝廷却盯着一城一地的得失。这就是格局上的差距。后来战局也确实如曾国藩预料的那样，湘军拿下安庆之后，节节胜利，直逼南京。以至于太平天国总理人洪仁玕也感叹，丢了安庆之后，基本失去了翻盘的机会。

将军赶路，不追小兔。在战场上，将军要具有全局观念和敏锐的洞察力，不能被眼前的蝇头小利所诱惑，从而影响整个战局。

谋局者要争全局，争的其实就是分清轻重缓急，认清主要矛盾和次要矛盾。事物的主要矛盾决定事物的性质和发展方向，次要矛盾只是在一定条件下才会影响事物的发展进程。

对于人生这盘棋来说，我们首先要学习的不是技巧，而是布局。这样才不至于只会围着自己眼前的利益打转，而是能站在足够高的视角去审视事件本身，认清当前的形势，更好地规划人生。

第三，谋事者谋一时，谋局者谋一世。高手下棋，走一步，看三步。新手下棋，走一步，看一步。谋局者远比谋事者看得多，走得远，他们不会只在意眼前，凡事都会往后多看两步，使得他们永远在未来竞争中保持先机。

春秋战国时，没有人愿意理会秦国派往赵国当质子的子楚，只有吕不韦见到他便说"奇货可居"，随后他便谋划了一个局，一个让他从商人身份逆袭成秦国贵族的局。安国君没有嫡子，吕不韦就花钱去秦国游说，说动华阳夫人，立子楚为太子。

后来，子楚成了秦王，吕不韦也成了秦国宰相，封为文信侯，洛阳食邑十万户。

作为商人，吕不韦重利有远见，善于把市面上稀少的货物囤积起来，以待高价卖出，作为谋局者，吕不韦更是在事情还没显露之际，就比众多谋事者要看得更远，从而获得最大的收益。

不谋万世者，不足谋一时；不谋全局者，不足谋一域。

普通人只会做事，高手都在谋局。自古以来，王侯将相、身居高位之人很多都是一等一的谋局高手。谋事者会为了一时的利益而忙碌，为了一时的放松而偷懒，而谋局者只会着眼于未来，为了长远的发展而布局，如此才能进退自如。

进，可以用最小的付出获得丰厚的回报；退，则可以预知危险，躲避灾祸。**愚者只能看到眼前的小利，智者却能高瞻远瞩、布局未来。无论做什么事，都不能只想着眼前，凡事都看得远一些，才能应变未来的变化和问题。**

当你每天忙得不可开交的时候，与其想办法挤出更多时间忙碌，不如停下来静心思考自己。

要知道，人与人最大的区别，在于谁最先看到事物本质，并能站在高维度的视角解决问题。所以真正谋局的人，都懂得如何"升维"。

穿透事物的表象，再加上时间和空间的维度，一个人才能在当今社会逆袭，成就一番大事！

5

这个世界的赢家，
不做事，只做局

这个世界就像一个局，而你要想成大事赚大钱，更是局中有局。

曾国藩说："欲成大事，人谋居半，天意居半。"要想成就一件大事，人的谋略就占一半。而顶级的人，都拥有谋局思维，懂得做局之道。

什么叫做局？

说白了就是为了达到目标，精心谋划每一个行动，就好像一个棋手精心策划自己走出的每一步棋，以达到破局或者制胜的目的。

换句话说，就是靠自己不够雄厚的实力，以小博大出奇制胜。

不管是用阳谋还是阴谋，只要最终能够达到自己的目的，获得利益，那就是成功的。

高手做局，善于将局中的人与资源都变成自己的棋子。

万物不为我所有，但皆为我所用。用战略统筹思维漂亮地赢下这盘棋，棋局赢后局中人会有各自的收益，但最大的利益方永远是下棋者。

人生就像一场棋局，对手是我们周围的人和事，棋子越下越少，人生也会越来越短。如果不懂得谋局，必然输掉人生的棋局；如果因为输不起就掀桌子或早早摆烂躺平，那么你的一生注定只能是别人的炮灰和陪衬。

我们活在局的世界里，既是局的参与者，又是局的建构者。善谋局，能做局，是我们实现阶层跃迁的重要能力。

要想策划一场好局，需要有五个步骤：谋局、布局、做局、控局、成局。

一场好局，第一步就是谋局。你要想谋一个好局，就要为多方谋取利益，让大家觉得有利可图。

《天道》中的丁元英为了送芮小丹一个扶贫神话，利用公司加农户的机制，压低成本，在国外做测评搞权威，在国内参加展会搞名声，最终赢了音响龙头企业乐圣公司。

丁元英让欧阳雪出资并担任董事长，这是运用资本。丁元英让叶冯刘（叶小明、冯世杰、刘冰）干活，并投资公司一定股份，这些人想要技术入股，让王庙村的农民生产，降低产品成本。其中丁元英并未参与格律诗的任何利益之争，只做"谋局者"，利用万物，并让大家都觉得自己有利可得，最后拥有"万物"。

第二步是布局，也就是布阵。要把自己的行动、策略安排得密不透风，再依据现有的资源和清晰的路径操作，让局中人不知不觉进入局中，并且顺着你的意思走下去。

丁元英有一套清晰的逻辑，整合上游、利用中游、帮扶下游。他让芮小丹去欧洲，为格律诗做背书；让欧阳雪控股，并让欧阳雪找韩楚风"借钱"，整合上游资源打好基础。又懂得利用中游的叶冯刘等人，只要按照丁元英的思路，这些人换一批来干事，同样能成事。

但他也不会忽视下游的力量，因为这个群体非常大，产生的力量也是巨大的。王庙村的人个个能吃苦耐劳，但他们最缺的不是吃苦，而是有人给他们引路。

谋大事者，必布大局。

过分注重一点，反而容易成为阻碍。统筹全局，才能知道什么应该舍，什么应该争。只有这样，才不会迷失在细节里。

第三步是做局。就是按照既定路径执行，在保证框架不变的前提之下，根据局势大胆取舍、适时变通，而不是因循守旧、按部就班。

丁元英一开始让欧阳雪控股格律诗公司而不是由自己控股，是为了规避自身的风险。就像乐圣公司的律师说的那样，乐圣起诉对象是空白的，真正的被告应该是格律诗事件幕后的策划人丁元英，而他恰恰不具备诉讼主体的条件。丁元英利用了法律的空白，蒸发诉讼主体，过滤了法律和社会责任，意图就是逼迫乐圣公司屈从，获取乐圣套件和销售网络。

凡事多看一步，多考虑一点，做好属于自己的规划，做到心里有谱，才能拥有足够的底气。

第四步是控局。控制好局中的各种不确定性，一往无前地朝自己的目标发展，即使身处僵局之中也懂得如何破局，打破局中的不利因素出奇制胜。

丁元英早就料到叶冯刘是"趴在井沿"看一眼的人，但他不在意，因为他知道叶冯刘的格局成不了大事，但他没有弃用他们，而是发挥他们的特长，为格律诗做了不少事。叶冯刘其实是三颗棋子，因为丁元英连这三个人的叛变都算准了。在这个局中，这三人虽然重要，但不是必要的，换成张三李四，这个局一样能成。而这也正是丁元英控局的厉害之处。

真正的智者能在事情没有显露的时候，就洞察它的未来，并能推进局面的发展。

第五步是成局。以最小的代价获得最大的胜利，不让煮熟的鸭子飞了。成局之后还需要反思和复盘，每一步的优劣和得失，便于新局开始的对标和参照。

丁元英不负责具体操作事项，只做背后的执棋者，而叶冯刘与王庙村的村民实操，欧阳雪控股保证决策权，让芮小丹去欧洲为格律诗打下背景，一步接着一步，就等乐圣上钩与之合作。在他的操控下，格律诗公司成功挤进音响公司的市场，与乐圣等大品牌齐名，给王庙村写了一段神话。

你看，拨开迷雾，直达要害，最终成局，才是一个谋局者真正的本领。

普通人做事，顶级玩家做局。谋事在人，成事在天，守正、积势、待时，只有谋局的人才有可能完成阶层跃迁。

要知道，钱不是"挣"来的，而是"谋"来的。赚钱不过一时，值钱方为一世，做事只能赚钱，做局才能值钱。

世间本无局。一切的局，源于心相。起心动念，才是"局"存在的根本。

只顾着埋头做事,而忽略其他要素,得到的钱会越来越少,而提高认知,学会做局,才是一个人越来越富的必经之路。

当你掌握做局之道,赚钱就成了世界上最简单的事,只要把局设对了,赚钱只是水到渠成的事。

6

要低头行路，更要抬头看天

什么是"势"？

曾国藩曾说："凡成大事，人谋居半，天意居半。"

在成功的过程中，人谋和天意是相互作用的，而天意就是"势"。

势，是形势、局势、态势，是一种不可抗拒的趋势，是一切事物力量表现出的趋向。人一旦掌握了势，自然可以无往不利。

要想成就一番大事，一定要学会顺势而为，通过智慧和努力来适应、利用"势"，从而取得成功。而不是逆势而行，倘若与整体市场走势和大众意见相悖，那么"势"就变成了阻碍你成功的不可抗拒的趋势，最终等待你的结果只有失败。

所谓势如破竹，则百事易成；大势已去，必举步维艰。

真正能成事的人，都懂得借势用势，打破个人能力的局限。想要成就卓越的人生，既要注重人的主观努力，也要善于观察和利用"势"的变化。

清朝末年内忧外患，既有太平天国的农民起义，又有西方列强的炮火侵略，清政府为了维护统治和领土完整，需要大量的军需。

胡雪岩清楚，战时的军需采买转运是天底下最赚钱的生意，只要他站在这个风口上，很快就能富可敌国。于是他不惜血本筹集大量粮食送到左宗棠的军营，助左宗棠脱困，从此开始长达10余年的政商合作。胡雪岩的家产也得到了快速积累，很快便成了当时的巨贾。

很多时候，借势远比在逆势中努力更重要，胡雪岩便是借了战时的势，才快速积累起巨额家产。

要知道，逆势而行如同蚍蜉撼树，必定会受到环境或人为的打压，而借势而上，才会和江河行地一样，一日千里。唯有善于借势，打破自身的局限，才能撬动更多资源为自己服务，实现自己的理想抱负。

《孙子兵法》中说："激水之疾，至于漂石者，势也。"

湍急的流水能冲走石头，可见"势"的力量巨大。而我们要做的就是正确认识"势"，在面对不同局面时，或是蓄势待发，或是谋势而动，或是顺势而为，从而利用和创造"势"来获得成功。

任何成功的背后都离不开长期的学习、付出和坚持，而这正是一种蓄势。只有不断提高自身的认知水平，提升自己的思维能力，扩大自己的人脉资源，积蓄的力量越大，才能在机会来临时一飞冲天。

蝉鸣一夏，却蛰伏了一整个四季；昙花一现，却等待了无数个白昼。

世上所有的一鸣惊人，其实都是厚积薄发的。

汉高祖刘邦深谙蓄势之道。他任沛县泗水亭亭长时，结交了官府的萧何、曹参，又结交了市井的樊哙、夏侯婴，这是蓄力量之势；他被描绘成赤帝之子，斩白蛇起义，这是蓄舆论之势；他顺应人心，反抗秦朝暴政，知人善任，充分发挥部下才能，这是蓄人心之势。

所以说，成功不是一蹴而就的，一鸣惊人的背后往往有着经年累月的深耕与蛰伏。当你不断积蓄能量，熬过眼前的沉寂，自然会守得云开见月明。

"善弈者谋势，不善弈者谋子。"

真正的智者既可以如水一般，柔软蓄势，也可以如火一般，燎原谋势。

诸葛亮便是一位谋势而动的智者，在司马懿直逼蜀军兵力空虚的西城时，他依旧沉着冷静，分析出曹魏大军远道而来，必定士气不稳，又深知司马懿的顾虑，就算生擒诸葛，也未必善终。所以故布疑阵，摆出了空城计，让司马懿自己权衡利害。

你看，在局势不明朗，或实力不足的情况下，欲成大事的人，必然要根据局势谋划出对自己最有利的计策。

这便是强者通过洞察局势，制定出合理的战略，从而取得胜利的过程。

谋势而动，需要我们具备敏锐的洞察力和卓越的判断力，充分利用对手或者队友的心理状态，从而制订出利于我们的计划和策略。

分析形势，把握机遇，再伺机行动，只有这样，我们才能在人生的道路上走得更远。

俗话说："站在风口上，猪都能起飞。"一个人想要做成一件事，本质不在于你多强，而是要顺势而为，才能以小博大。

我们要认清自己的能力和水平，不要觉得自己是只雄鹰就不需要依赖风，随便做什么都能成功，个人的能力再大，也无法离开平台的优势；而平台的能量再大，也无法抵挡趋势的力量。

我们还要开拓自己的思维，不要被单一的专业规则和思维方式束缚，高手之所以是高手，不是因为他比你有更多的机会，而是因为他能用更立体的角度看问题，找到并把握住趋势。

好比冲浪运动员，他们能在浪中应付自如，不是因为他们勇敢并执拗地面对浪潮，而是他们顺应并享受了浪潮。

顺势而为就是一个先接纳，再面对，然后不断调整、有所作为的过程。我们要做的，就是任何事情都不能逆势而上，而是顺势而为。

蓄势、谋势、顺势，从而借势，是一个人快速崛起，与别人拉开人生差距的关键。

但也不能忘了基础又重要的识势。如果看不清时事，也不懂识势，即便你再怎么想要顺势而为，也仍然处于逆势。

要知道，个人的能力是有限的，很多事情，单凭自己的力量根本无法做到。学会利用趋势的力量，四两拨千斤，才能打破个人能力的局限，达到事半功倍的效果。

识时务者为俊杰。

唯有练就对局势的洞察力，能够看清看透，守正、积势、待时，才能明确前进的真正方向，从而风生水起，获得成功。

在趋势的势能下，再难办的问题，也不值一提。

万物不为我所有，
但皆为我所用。
普通人做事，
顶级玩家做局。

・制胜・

善谋者赢天下，能略者定乾坤

7

关键时刻需放胆，当断则断！

人不仅要能谋，还要善断。

只懂谋略未必能成功，还要善做决断才是重中之重。

断就是做决策要果断，当断不断，必受其乱。我们做人也好，做事也罢，最怕的就是优柔寡断。

在需要做决策的时候犹豫不决，一定会出现各种混乱。什么都想既要又要，断不清楚哪个才是对自己更重要的，这实则是贪心重，没担当。既想两边都要，又不敢承担做决策的风险，是因为他们忽视了一点——要想成功，就得冒险。

在竞争激烈的市场环境中，机会稍纵即逝，一旦错过，可能就需要付出千百倍的代价来弥补。长时间地犹豫和拖延只会增加未来的不确定性。只有果断决策，才能抓住每一个机会。要知道选择大于努力，做对一个决定，就是抓住一次翻身的机会。

一个人最高明的处事态度，就是大事不糊涂，小事不纠结，凡事有主见。

三国前期，袁绍是割据一方的霸主，确实具备一定的谋略，但在官渡之战中，他在几个关键决策上的态度，都让我们看到他多谋寡断的缺点。

在面对是否要向曹操发兵进攻时，袁绍犹豫不决，谋士沮授建议他休养生息，再兵分几路骚扰曹操，使其不得安宁，袁绍没有采纳；当刘备在徐州背叛曹操，策应袁绍时，谋士田丰建议袁绍趁曹操攻打刘备之际，调动全部兵力袭击曹操的后方，袁绍又以儿子生病为由拒绝。

在决战中，袁绍本有很大概率取胜，但他在指挥上依旧优柔寡断，最终错失良机。谋士许攸建议袭击曹操老巢许都，抢回汉献帝，袁绍却认为许攸和曹操有交情不可信。乌巢告急，张郃建议他全力救援乌巢，但袁绍听从了郭图的建议，选择攻打曹操的大本营，结果导致乌巢失守，彻底打输了官渡之战。

反观曹操，足够多谋善断，所以他才能在官渡之战中，以少胜多击败袁绍的十万大军。

大战初期,曹操没有选择分兵把守黄河南岸,而是集中兵力扼守要隘,在官渡一带挖战壕、筑堡垒,既节省兵力,又有效阻止了袁绍进攻。在袁绍派颜良进攻白马时,曹操听取谋士荀彧的建议,采用声东击西的战术,派兵假意袭击袁绍后方,见袁绍中计又迅速派出张辽和关羽带一支轻骑兵火速赶往白马袭击颜良,最终关羽斩杀颜良,解除了白马之围。

曹操更是善待降将,收留了被袁绍不信任的许攸,并听取他的计策,突袭袁绍的粮草重地乌巢,使得袁绍大军开始分崩离析,曹操趁机反攻,一举击败袁军。

袁绍家大业大,麾下更是人才济济,却总是做出错误的选择,归根结底就是因为他当断不断,反受其乱。而曹操能够战胜袁绍,统一北方,除了他见机早行动快,还有就是多谋善断,能在生死关头做好每一个重大决策,带领团队摆脱绝境。

那些惊天动地的人物,不一定是最聪明、思考最周密的,而是一眼看穿复杂局势,找到破局之处,当断则断的人。

人生就是一场豪赌,关键时刻更是赌,普通人想要逆风翻盘就要敢于做决策。

袁绍条件太好了,所以他不敢赌,曹操军队和粮草都不及袁绍，反而敢于一赌，相信许攸采纳火烧乌巢的计策，最终成为赢家。

那我们如何才能像曹操一样，做到多谋善断呢？

想要做到多谋善断，就需要明白你做决策的依据。

首先要有具体的目标。而不是什么都做，把所有方向都当作你努力的方向，东一榔头西一棒槌，如同袁绍一样永远做不对选择题。

你要将开放式的问题变成封闭式的问题，反复推演实现这个目标的方法和路径，才能在每次要做决策的时候，抓住每一次机会。

其次要有正确的方向。方向决定行动的目标和路径，你要做的就是确保你努力的方向是正确且符合当下经济趋势的。

顺势而为，做一只站在风口上的猪，利用趋势的力量让自己站在行业前沿，而不是做逆潮流的决定，浪费自己的时间和资源，甚至给自己带来无法挽回的损失。**如果在信息不完整或时间紧迫的情况下，不知道该怎么做出对自己最有利的决策，也可以相信直觉。**

要知道，人的本能是趋利避害的，直觉往往能为我们提供快速且直接的判断依据，而将直觉与理性分析相结合，更能助你在复杂多变的局面中做出正确的决策。

目标、方向和直觉可以让你多谋善断，做出利于自己的决策，

抓住每一个弯道超车的机会。

风起云涌之间，内心也始终住着一个沉稳的舵手。如此，再大的风浪也不能奈你何。

但你要明白决策的本质是取舍，不能既要又要，看到好的就不加取舍、不做选择地收入其中。比如你要权，那就一门心思去争权，不要沉溺于美色，也不要想着拿权去换钱。鱼和熊掌不可兼得，节制自己的欲望，才能让你把行动聚焦在你选择成就的领域上。

做好决策后，不要犹豫，也不要左右摇摆，因为犹豫就会败北，反倒让你错失良机最终什么都得不到。

为什么很多普通人不比富人差，也可以想出很多好的主意，但两者差距如此之大？

因为富人和普通人最大的区别就在于坚定目标并立刻执行。在深思熟虑做出决策后，富人就会立刻投入行动，不给自己任何犹豫的时间，因为他们深知要成功就要积极行动，只想不做、犹豫不决很容易错过成功的良机，只有行动才会产生结果。

成功始于想法，但只有想法没有决策和行动，是不可能成功的。

人就是这样的，想来想去，犹豫来犹豫去，觉得自己没有准备好，勇气没攒够。其实只要迈出了那一步，就会发现其实所有的一切早就准备好了。

当你选择好了道路，就要义无反顾地走下去。只有你步履不停地走在路上，你想要的才会奔你而来。

8

把人做好，
事自然就成了

老话讲"做事先做人"，先把人做对了，事成是水到渠成的结果。

老祖宗的话很有智慧。如果一件事你觉得自己付出了巨大心力，用尽全力都没做成，那可能问题出在了你的人上。

成不了事，是因为你做人没做明白。

原腾讯副总裁、现风险投资人吴军说过，**风险投资领域有一条金科玉律——投资就是投人。**

他手下的精兵强将层出不穷，总结一句话就是"杀鸡要用牛刀"。他认为，一流的人能把二流、三流的项目做成一流，但二流的人反而会把一流的项目做成三流甚至四流。

他在投资摩拜单车的时候，就看中了创始人之一王晓峰。他凭借对这位老同事的了解，看到了其诚实、负责、执行力强等优点，相信他做什么事都能成功，就给了他这笔钱。他还说，王晓峰做什么项目，他都愿意跟着投，因为他信任这个人。

这就是会做人的优势。

如果你做人不行，你的事业吹得再天花乱坠，依然是摇摇欲坠、不堪一击。**你不会做人，就无法赢得他人的信任。**

为什么一定要会做人？

首先，这不是一个可以独善其身的时代。越清高的人，可能越挣不到钱。

很多人都说"我要做自己"，父母也说"把自己做好就行了"，这些都是平庸者安抚自己的想法。以前的社会交通不发达，信息很闭塞，你不会做人没关系。但现在的社会是个人情社会，到处都是信息，你不去关注，别人就会抢先你一步。

时代的变化太快了，稍不留神就会得罪人。在大城市你要搞好客户关系、上下级关系，在小地方你要搞好邻里关系、宗族关系。如果你还固步自封在老思维里，以为埋头苦干就能成功，那必定会被时代淘汰。

要知道，人是社会性动物，想要在这个世界生活得好、变成强者，你就要学会做人，适应社会。

其次，人对了，大概率事就顺了。做人的本质就是你思维通透，了解人性。

你在和别人谈生意之前，就把对方的人看透了。遇见一个人，你就能明白他为什么要跟我交往，我们彼此能交换什么样的价值。同样，如果你想要别人跟你交往，那你自己也要当一个真诚、能给他人提供价值的人。

得道多助失道寡助，如果你上善若水、从善如流，别人跟你在一起总能学到东西，总能得到价值，那你周围的贵人和簇拥着你的人当然越来越多。

有名人说过："一个做人成功的人，必然是一个彬彬有礼、和善可亲、体面有尊严、善良大方的人。这样的人谁都愿意亲近，谁都愿意和他做生意。"

如果一个人，能不断地让别人在自己身上"占便宜"，那这个人将来就能一呼百应。 如果你不学会做人，思维很狭隘，身上永远散发着小气与吝啬，谁会信服你呢？谁会相信你能带着别人致富呢？

套路过剩的时代，真诚与厚道，永远是一个人的顶级才华。

什么叫做人呢?

做事圆滑、会拍马屁,这可不是做人。**做人其实是一种哲学,是你在运用高阶的思维去系统化地思考问题,去思考作为一个更好的人要怎么去做事。**

人类是一个操作系统,是一个操作事情的工具。事情就像系统里的软件,你的系统越厉害,那你的软件自然运行得越顺畅。当你的思维变得更高效,整个人都聪明了,你的心又是好的,那么你做事的效率自然而然就会更高。

会做人了,事情就简单了。

学会做人,学会理解人性和他人。再锻炼技术、人情世故,合理分配。你的格局大了,自然就不会在乎蝇头小利,而是以共赢的态度去看手下的人。别人跟你一起干活,能分到最多的钱,当然愿意跟你继续做事。

最后,你该如何做人,如何看人,其实并不复杂。**这里面有三步:观察关系、了解人品、价值交换。**

第一,在面对任何人、任何环境时,先不要急着冲在前面表现,先摸清人际关系。每个人在江湖上漂都不是单打独斗的,独狼只是极少数。大部分人都是有组织的。努力看清楚他的圈子,了解他的文化属性,非常重要。

第二，了解他的人品。无论和谁相处，都要多长个心眼，带着怀疑去相信。 在这个浮躁的时代，人和事都有可能被物化。你不去害人，但要有防人的心。人心复杂，对方的心是随着你的价值波动的。如果你个人价值不高，又想攀附权贵，那当你的能力驾驭不了你自己的欲望时，很容易引火上身。

人这一生，才华很重要，但踏实做人、诚恳待人更重要。

人要有自知之明。如何判断自己有没有自知之明？看一眼你一个月的总收入就好。因为你的收入往往反映着你的认知水平。想要提高收入，一定要提高认知。

最后，要明白价值交换的原理。 千万不能动了占小便宜的心，占小便宜的人一定会吃大亏。如果你想和别人交换利益，你自己就要有价值。你要懂得财商知识和博弈技巧，懂得人情世故。**你能提供给别人价值，别人才能给你想要的东西。**

学会做人，你做事就会非常容易，如行云流水。一个人想要更多资源、更多追随者，首先要把自己的价值优化，做一个强大的人。

当你不因荣誉沾沾自喜，不因成就自满自大，一步一步积蓄力量，方能成就更好的自己。

强者聚财，自然财富和人脉都会向你靠拢。

9

人生的终极智慧，藏在内与外的关系里

成大事者一定是内圣外王。

什么是内圣外王？就是既具有圣人一样的高尚品质，又具有帝王般的杀伐果断。

要知道，内圣外王追求的"道"，是一个人修炼的终极目标。

一个人如果能做到内圣外王，那么他的人生就像是开了挂一样，一路狂奔。在历史当中，王阳明和曾国藩就是内圣外王的代表人物。

内圣和外王看起来是矛盾的，但真正的高手能让这两种看起来对立的思想并存，一起安放在自己的认知体系里。

好比我知道眼前的一切是场游戏，但我还会认真享受这一切。我可以保持内心善良，但遇到挑事的人以及阻碍自己正当利益的人也绝不手软。

这两者看似是矛盾的，却是统一的。一个人如果能够接受这两种完全不同的思想同时存在，那么他在这个世界一定游刃有余。

可惜现实生活中很多人只担起了一面。比如有些人追求金钱至上的物质满足，最后却掉进欲望的旋涡，误入歧途；而有些人放弃物质的追求，只追求内心的富足，自视清高，最终活成一个孤家寡人。

这两种人都活在单一的世界，被自己的执念所困，走向了极端。

曾国藩对后人最大的意义是，他用自己的实践证明，一个普通人通过对内修身、对外影响，同样可以到达内圣外王的境界。

三十岁前没做官的曾国藩，人生目标只是功名富贵、光宗耀祖。三十岁入京为官后，他结识了气质不俗的朋友，让他不由得检讨自己，立下学做"圣人"的志向。

所谓"圣人"，就是达到了完美境界的人。圣人通过自己的勤学苦修悟出了天理，掌握了天下万物运行的规律。

对内问心无愧、不逾规矩。曾国藩以"求阙"命名自己的书房，从确定志向后，他便以圣人标准要求自己，时刻监督自己的一举一动，不断查找自己的缺点并加以改正，如同母鸡孵蛋一样磨炼出自己的耐心和韧性。在反复磨炼中，他的性格气质渐渐发生了翻天覆地的变化，眼界与本领也越来越高，最终脱胎换骨。

对外经邦治国，造福于民。他创立湘军，对抗太平天国屡战屡败，多次身陷绝境，更被皇帝弃用，陷入人生低谷。蛰伏老家自我反思两年后重新出山，终于平定太平天国。作为洋务运动的发起者之一，他痛恨西方人侵略国家，但不盲目排外，主张向西方学习科学的先进技术，是中国近代化建设的开拓者。

这无一不说明曾国藩已经达到内圣外王的境界。刚柔并济，慈善悲悯中带着杀伐果断，怀佛祖之心，行帝王之术。内在喜怒不形于色，此心不动，随机而动。自己并不是没有情绪，而是善于用自己的情绪去控制和影响别人。外在胸怀格局要大，当你的境界格局足够大时，才容得下更多的君子和小人。达到万物不为我所有，但万物皆为我所用的境界。

真正强大的人，都懂得巧藏方、外露圆。

他们以柔示人是顺随人情，是一种缓和的手段，也是为自己铺路，内心却刚强无比。

但等到时机来到之时，他们会以雷霆万钧之势，干净利落地解决问题。

所以，人生的至高境界，就是达到内圣外王的状态。这样的人心中有佛，手中有刀，上马可以杀敌，下马可以念经；能以菩萨心肠对人，也能用金刚手段做事；走心时不留余力，拔刀时不留余地。

能善人，能恶人，方能正人。不生事，不怕事，天下无事。**施雷霆手段、行慈悲之事、走中庸之道，内圣外王能让自己立于不败之地，最终达到你所求的成大事之境。**

不谋万世者，
不足谋一时；
不谋全局者，
不足谋一域。

·制胜·

善谋者赢天下，能略者定乾坤